四川省工程建设地方标准

四川省装配式混凝土建筑设计标准

Design specification for assembled building
with concrete structure in Sichuan Province

DBJ51/T 024 – 2017

主编部门：　四 川 省 住 房 和 城 乡 建 设 厅
批准部门：　四 川 省 住 房 和 城 乡 建 设 厅
施行日期：　2 0 1 8 年 3 月 1 日

西南交通大学出版社

2017　成　都

图书在版编目（C I P）数据

四川省装配式混凝土建筑设计标准 /四川省建筑科学研究院主编. —成都：西南交通大学出版社，2018.2
（四川省工程建设地方标准）
ISBN 978-7-5643-6074-0

Ⅰ. ①四… Ⅱ. ①四… Ⅲ. ①装配式混凝土结构 - 建筑设计 - 设计标准 - 四川 Ⅳ. ①TU37-65

中国版本图书馆 CIP 数据核字（2018）第 034605 号

四川省工程建设地方标准

四川省装配式混凝土建筑设计标准

主编单位 四川省建筑科学研究院

责任编辑	杨 勇
助理编辑	宋一鸣
封面设计	原谋书装
出版发行	西南交通大学出版社 （四川省成都市二环路北一段 111 号 西南交通大学创新大厦 21 楼）
发行部电话	028-87600564 028-87600533
邮政编码	610031
网址	http: //www.xnjdcbs.com
印刷	成都蜀通印务有限责任公司
成品尺寸	140 mm × 203 mm
印张	3.125
字数	79 千
版次	2018 年 2 月第 1 版
印次	2018 年 2 月第 1 次
书号	ISBN 978-7-5643-6074-0
定价	29.00 元

各地新华书店、建筑书店经销
图书如有印装质量问题 本社负责退换

关于发布工程建设地方标准《四川省装配式混凝土建筑设计标准》的通知

川建标发〔2017〕842 号

各市州及扩权试点县住房城乡建设行政主管部门，各有关单位：

由四川省建筑科学研究院主编的《四川省装配式混凝土建筑设计标准》已经我厅组织专家审查通过，现批准为四川省推荐性工程建设地方标准，编号为：DBJ51/T 024－2017，自 2018 年 3 月 1 日起在全省实施，原《装配整体式混凝土结构设计规程》DBJ51/T 024－2014 于本规程实施之日起作废。

该标准由四川省住房和城乡建设厅负责管理，四川省建筑科学研究院负责技术内容解释。

四川省住房和城乡建设厅

2017 年 11 月 13 日

前　言

本标准根据《四川省住房和城乡建设厅关于下达工程建设地方标准〈装配整体式混凝土结构设计规程〉修订计划的通知》（川建标发〔2016〕668 号）要求，由四川省建筑科学研究院负责，会同有关科研、设计、教学、制作和施工单位共同修订。根据专家审查会的意见，本标准名称确定为《装配式混凝土建筑设计标准》。

本标准在制定过程中，编制组开展了广泛的调查研究，进行了相关试验研究工作，认真总结了装配式混凝土结构在国内及四川省内的工程实践经验，对主要问题进行了专题研究和反复讨论，参考了有关国际标准和国内先进标准，与相关标准进行了协调，并充分征求了相关单位的意见。

本标准主要技术内容包括：1.总则；2.术语和符号；3.基本规定；4 建筑集成设计；5.结构设计；6.框架结构；7.剪力墙结构；8.楼盖；9.其他构件。

各单位在执行本标准时，请将有关意见和建议反馈给四川省建筑科学研究院（地址：成都市一环路北三段 55 号；邮编：610081；邮箱：zp@scjky.cn），以供今后修订时参考。

主 编 单 位： 四川省建筑科学研究院

参 编 单 位： 中国建筑西南设计研究院有限公司
四川省建筑设计研究院
成都市建筑设计研究院
信息产业电子第十一设计研究院

西南科技大学土木与建筑工程学院
西南交通大学土木工程学院
四川省第四建筑工程公司
成都万科房地产有限公司
四川蓝光和骏实业有限公司
润铸建筑工程（上海）有限公司
四川省土木建筑学会建筑工业化专委会

主要起草人： 张　瀑　鲁兆红　毕　琼　李　峰
佘　龙　贺　刚　李锡伟　徐建兵
赵太平　邓世斌　孟祥林　梁　虹
颜有光　姚　勇　张兆强　潘　毅
詹耀裕　唐雪梅　邓　文　郑　柯
革　非

主要审查人： 王泽云　刘　民　王其贵　李碧雄
袁天义　王　洪　胡　斌

目　次

Contents

1 总 则

1.0.1 为了在装配式混凝土建筑中贯彻执行国家的技术经济政策，做到安全适用、技术先进、经济合理、方便施工、保证质量，制定本标准。

1.0.2 本标准适用于四川省抗震设防烈度为 8 度及 8 度以下地区的装配式混凝土建筑的设计。

1.0.3 装配式混凝土建筑设计应集成建筑的结构系统、外围护系统、设备与管线系统和内装系统。

1.0.4 装配式混凝土建筑设计除应符合本标准外，尚应符合国家现行有关标准的规定。

2 术语和符号

2.1 术 语

2.1.1 装配式混凝土建筑 assembled building with concrete structure

建筑的结构系统由混凝土部件（预制构件）构成的装配式建筑。

2.1.2 建筑系统集成 integration of building systems

以装配化建造方式为基础，统筹策划、设计、生产和施工等，实现建筑结构系统、外围护系统、设备与管线系统、内装系统一体化的过程。

2.1.3 部件 component

在工厂或现场预先生产制作完成，构成建筑结构系统的结构构件及其他构件的统称。

2.1.4 部品 part

在工厂生产，构成外围护系统、设备与管线系统、内装系统的建筑单一产品或复合产品组装而成的功能单元的统称。

2.1.5 集成式厨房 integrated kitchen

由工厂生产的楼地面、吊顶、墙面、橱柜和厨房设备及管线等集成并主要采用干式工法装配而成的厨房。

2.1.6 集成式卫生间 integrated bathroom

由工厂生产的楼地面、墙面（板）、吊顶和洁具及管线等集成并主要采用干式工法装配而成的卫生间。

2.1.7 装配整体式混凝土结构 monolithic precast concrete structure

装配式建筑的主体结构部分或全部采用预制混凝土构件，且通过后浇混凝土或灌浆形成整体的混凝土结构。

2.1.8 整体预应力装配式板柱结构 integral prefabricated prestressed concrete slab-column structure

由预制板和预制带孔道的柱进行装配，通过张拉楼盖、屋盖中各方向板缝的预应力筋实现板柱之间连接进而形成整体的结构。

2.1.9 多螺箍筋 multi-spiral stirrups

由多个连续圆形螺旋箍筋组合而成的箍筋形式，各个独立圆形螺旋箍筋形成约束混凝土核心区，且螺旋箍筋间有适当交叠形成设计所需的相互约束区域，简称多螺箍筋。

2.1.10 多螺箍筋柱 multi-spiral stirrup confined columns

采用多螺箍筋的钢筋混凝土柱，简称多螺箍筋柱。

2.1.11 格子梁板 waffle/cheese slab

一种以适用于大开间、抗微振需求的整体预制或叠合预制的双向密肋楼盖。

2.2 符 号

2.2.1 材料性能

f_y、f_y'——钢筋抗拉、压强度设计值；

f_t——混凝土轴心抗拉强度设计值；

f_c——混凝土轴心抗压强度设计值；

f_{yv}——横向钢筋抗拉强度设计值。

2.2.2 作用和作用效应

V—— 剪力设计值；

N—— 轴力设计值；

V_{jd}——持久设计状况下接缝剪力设计值；

V_{jdE}——地震设计状况下接缝剪力设计值；

V_u——持久设计状况下接缝受剪承载力设计值；

V_{uE}——地震设计状况下接缝受剪承载力设计值；

P_{Ek}—— 施加于外墙板重心上的地震作用力标准值；

G_k—— 外墙板的重力荷载标准值；

σ—— 荷载作用下截面最大拉应力；

σ_{pc}—— 预应力在截面上产生的压应力。

2.2.3 计算系数

Δu—— 层间水平位移；

γ_{RE}——承载力抗震调整系数；

γ_0——重要性系数；

β_E——地震作用动力放大系数；

α_{max}——水平地震影响系数最大值。

2.2.4 其他

M —— 基本模数，1M = 100 mm。

3 基本规定

3.0.1 装配式混凝土建筑应按照一体化设计原则，采用系统集成的方法统筹建筑结构系统、外围护系统、内装系统、设备与管线系统设计的全过程。

3.0.2 装配式混凝土建筑应遵守模数协调标准，按照通用化、模数化、标准化的要求，以少规格、多组合的原则，实现建筑及部品的系列化和多样化。

3.0.3 装配式混凝土建筑宜通过建筑体量、材质肌理、色彩等变化，形成丰富多样的立面效果。

3.0.4 装配式混凝土建筑结构设计不应采用严重不规则的结构体系。

3.0.5 装配式混凝土建筑结构设计应充分考虑预制构件连接对结构性能的影响。

3.0.6 装配式混凝土建筑机电及管线设计宜采用与主体结构分离的方式，设备管线宜集中布置。

3.0.7 给排水管道预留孔洞的布置宜符合留大洞、少开洞的原则。

3.0.8 装配式混凝土建筑内装设计应满足建筑全寿命周期维修、维护管理的要求，且宜采用标准化构配件进行装配化装修。

3.0.9 装配式混凝土建筑应采用绿色建材和性能优良的系统化部品部件。

4 建筑集成设计

4.1 一般规定

4.1.1 装配式混凝土建筑设计应符合现行国家标准《建筑模数协调标准》GB/T 50002 的有关规定，且宜按照功能模块进行标准化设计。住宅建筑宜符合《四川省工业化住宅模数协调标准》DBJ/T 064 的要求。

4.1.2 装配式混凝土建筑中，各类部品部件尺寸规格宜符合模数要求。

4.1.3 在正常使用和维护条件下，工业建筑及公共建筑的外围护系统设计使用年限不宜低于 25 年。住宅建筑中外围护系统的设计使用年限应与主体结构相协调。

4.1.4 装配式建筑的外围护应结合本地材料、制作、施工条件进行综合考虑，并应满足安全、功能及建筑造型设计等要求。

4.1.5 设备及管线设计应满足预制构件工厂化生产、现场安装及运行维护要求，管线敷设宜与结构主体分离。

4.2 模数与标准化

4.2.1 装配式混凝土建筑设计的模数宜符合下列要求：

1 建筑的开间或柱距、进深或跨度、门窗洞口宽度等宜采用水平扩大模数数列 2*n*M、3*n*M（*n* 为自然数）。

2 建筑的层高和门窗洞口高度等宜采用竖向扩大模数数列 *n*M。

4.2.2 装配式混凝土建筑的开间、进深、层高、楼梯、电梯、厨卫等的优先尺寸应根据建筑类型、使用功能、部品部件生产与装配要求等确定。

4.2.3 模数协调的内容，应符合下列要求：

1 应采用模数数列调整装配式混凝土建筑设计与部品部件的尺寸关系，优化部品部件的尺寸和种类。

2 部品部件组合时，应明确各部品部件的尺寸与位置，便于设计、制造与安装各阶段各工序相协调。

4.2.4 建筑部件的定位宜采用中心定位法与界面定位法相结合的方式。部件的水平定位宜采用中心定位法，部件的竖向定位及内装宜采用界面定位法。

4.2.5 装配式混凝土建筑设计模块的组建宜满足下列要求：

1 公共建筑中的楼梯、电梯、公共卫生间、管井等功能单元宜优先组建为功能模块。

2 住宅建筑中的楼梯、电梯、厨房、卫生间、管井、基本套型等宜优先组建为功能模块。

3 模块间宜采用通用化、标准化的接口，并通过有效连接形成建筑整体。

4.2.6 平面设计应符合下列规定：

1 平面组合模块应少规格、多组合。

2 平面布置应简洁规整，转折和凸凹变化不宜过多，承重构件布置应上下对齐贯通，外墙洞口宜规整有序。

3 宜选用大空间的平面布局方式，合理布置承重墙及管井位置，满足空间的灵活性、可变性。

4 设备管线宜集中设置，并进行管线综合设计。

4.2.7 立面设计时，立面部件（部品）宜进行模块化组合设计，模块宜采用少规格、多组合方式，满足多样化、个性化的需要。

4.3 外围护系统设计

4.3.1 预制混凝土外挂墙板应符合下列要求：

1 宜采用平面构件，板厚不宜小于 100 mm 且单个预制构件的重量不宜大于 5 t。

2 预制混凝土外墙板应将各种预埋件、连接件、管线留洞及开口等定位，且应在工厂内完成加工。

3 外露的金属支撑件及外墙板内侧与梁、柱及楼板间的调整间隙，应采用耐火材料紧密填实，封堵构造的耐火极限不低于墙体的耐火极限，封堵材料在耐火极限内不开裂，不脱落。

4.3.2 预制混凝土外墙板饰面的规格尺寸、材质类别、连接构造等应进行工艺试验验证。

4.3.3 预制外墙板接缝应符合以下规定：

1 接缝位置宜与建筑立面分格相对应。

2 竖缝宜采用平口或槽口构造，水平缝宜采用企口构造。

3 板缝宽度不宜小于 15 mm，密封胶厚度应按缝宽的 1/2 且不小于 15 mm 考虑。

4 接缝处应根据当地气候条件合理选用结构防水、构造防排水、材料防水等相结合的防排水系统及构造设计。

5 当板缝空腔需设置导水管排水时，板缝内侧应增设密封构造。

6 宜避免接缝跨越防火分区。当接缝跨越防火分区时，接缝室内侧应采用耐火材料进行封堵。

4.3.4 预制混凝土夹心保温墙板应符合下列要求：

1 内、外叶墙板应有防坠落措施。

2 夹芯保温构造的保温材料的燃烧性能为 B1 或 B2 级时，内、外叶墙板的厚度不应小于 50 mm。

4. 3. 5 当夏热冬冷地区采用单元式复合外墙板时，应满足冬季不出现结露的要求。外墙板的平均热阻应符合规范的要求，房间外墙面热桥的比例不超过 15%。

4. 3. 6 装配式建筑外门窗应采用标准化产品，宜采用带有坡度不小于 5%的批水板等的外门窗配套系列部品，并应与外墙可靠连接。

4. 3. 7 预制外墙上的门窗洞口宜采用整体预埋、预埋副框或预埋连接件等方法与外门窗固定。外墙板与外门窗连接部位应设置保温及防水措施。

4. 3. 8 屋面围护系统应对屋面排水系统及屋面设备系统等进行集成。

4.4 设备及管线设计

4. 4. 1 固定在预制构件上的大型机电设备、管道等，应根据荷载，采用预留预埋件进行固定。

4. 4. 2 电气设备安装应符合以下要求：

1 配电箱、智能化配线箱等尺寸较大、进出管线较多的电气设备，不宜嵌入安装在预制构件上。当上述设备安装在预制构件上时，应在不削弱构件性能的情况下预留安装条件。

2 在预制构件上嵌入安装的电气设备接线盒、穿线管孔、操作空间等应准确定位,并与相关电气导管一起进行预留和预埋。

3 在叠合楼板底部预埋接线盒时，接线盒深度应满足敷设在叠合楼板现浇层内的管线进出接线盒的要求。

4 在预制墙体的门、窗过梁钢筋锚固的区域内，不应埋设电气接线盒。

4.4.3 电气管线安装应符合以下要求：

1 配电系统及智能化系统的竖向干线应在公共区域的电气竖井内设置。在预制构件内暗敷的末端支线，应在预制构件内预埋导管。

2 预制构件内部导管和外部导管连接时，应在构件内部导管连接处设置连接头或接线盒，并应预留施工操作空间。管线穿越预制构件时，应预留穿线管孔。

3 应根据叠合楼板现浇层厚度进行水平布线设计，减少管线交叉。

4.4.4 装配式混凝土建筑的防雷接地措施除应满足现行《建筑物防雷设计规范》GB 50057 相关规定外，尚应符合以下要求：

1 宜利用建筑物现浇混凝土内钢筋作为防雷、接地装置。当利用预制剪力墙、预制柱内的部分钢筋作为防雷引下线时，预制构件内作为引下线的钢筋，应在构件之间作可靠的电气连接，并与接闪装置、接地装置连接成可靠的电气通路，其连接处应预留连接条件和施工空间，连接部位应有永久性明显标记。

2 当建筑物预制外墙板上的金属管道、栏杆、门窗、设备等金属物需要与防雷装置连接时,宜通过相应预制构件内的钢筋、预埋连接板与防雷装置连接成电气通路。

3 需设置局部等电位联结的场所，各预制构件内的钢筋应作可靠的电气连接，并与局部等电位联结箱连通，局部等电位联结箱不宜设置在预制墙板上。

4.4.5 给排水、燃气管线等应集中设置、合理定位，并在关键部位设置检修口。

4.4.6 给排水立管宜布置在管井、管窿内。当条件允许时，住宅建筑排水立管宜沿外墙布置。住宅楼层水表井至各住户且位于公共部位的给水横管，宜在本层吊顶内敷设。

4.4.7 敷设给排水管道和设置阀门的部位应保证有便于安装和检修的空间。

4.4.8 排水方式宜采用同层排水。当采用同层排水方式时，应符合下列规定：

1 应按所采用的卫生器具及管道连接要求确定降板区域和降板深度。

2 构造内无水封的卫生器具及地漏与排水管道连接时，必须在卫生器具及地漏的排水口下设置存水弯。

3 存水弯的水封深度不得小于 50 mm。

4 存水弯不得串联设置。

4.4.9 当采用异层排水时，在管道穿楼板处应采取设置止水环、橡胶密封圈等防渗水措施。

4.4.10 住宅建筑的厨房与生活阳台紧邻时，不宜在厨房内设置地漏。厨房洗涤盆宜在靠近生活阳台侧布置。

4.4.11 管道外壁应按设计规定进行标识。当使用非饮用水源冲厕时，其供水管应采取严格的防止误接、误用、误饮的安全措施。

4.4.12 集成式厨房和集成式卫生间应根据其接管要求进行给排水管道预留，并宜采用与之匹配的管道材质和连接方式。当采用不同材质和连接方式的管道时，应有可靠的过渡连接措施。

4.4.13 装配式混凝土建筑宜选择集成式卫生间，并应符合下列规定：

1 宜采用干、湿区分离的布置方式，并综合考虑洗衣机的设置和点位预留。

2 卫生间内给水排水、通风和电气等管线应在其预留空间内安装完成。

3 应在给水排水、电气等系统的接口连接处设置检修口，应考虑排气扇（管）、暖风机等设备的设置和点位预留。

4 当集成式卫生间有洗浴功能时，应根据集成式卫生间方案，确定局部等电位联结端子箱位置。宜在卫生间侧墙或顶部夹层内预留电源。

4.4.14 暖通设备及配套采用的风管、水管、风口、管件和预埋套管等宜采用通用规格，规格数量不宜过多。

4.4.15 暖通设备及管道系统宜根据装配式混凝土建筑的特点进行整体设计，穿越预制构件的管道应预埋套管或预留孔洞，设备、管道及其附件的支吊架或设备基础应直接连接在结构受力构件上。

4.4.16 装配式混凝土建筑应采用适宜的节能技术，选用能效比高的节能型产品。

4.4.17 当供暖系统采用地面辐射供暖系统时，宜采用干法工法的部品。

4.4.18 装配式混凝土建筑宜选择集成式厨房，并应符合下列规定：

1 宜根据集成式厨房方案，在厨房侧墙或顶部夹层内预留电源。

2 给水排水、燃气管线等应集中设置、合理定位，并在连接处设置检修口。

3 在集成式厨房内安装的燃气热水器、电热水器必须带有保证使用安全的装置。

4　当采用塑料给水管道时，应有不小于 400 mm 的金属管段与热水器连接。

5　当分集水器设置在集成式厨房的橱柜中时，厨房楼板应预留地漏用孔洞。

4.5　内装设计

4.5.1　装配式混凝土建筑宜在内装设计阶段对部品进行统一编号，在生产、安装阶段按编号实现设计要求。

4.5.2　装配式混凝土建筑的楼地面系统宜选用具有高差调平作用的集成化部品系统，并符合下列规定：

1　当采用架空地板系统并在架空层内敷设管线时，架空高度应满足铺设要求。

2　在厨房、卫生间等因采用同层排水工艺而进行结构降板的区域，宜采用架空地板系统，架空地板内敷设给排水管线等。

4.5.3　装配式混凝土建筑的吊顶系统的设置应满足室内净高的需求，并应符合下列规定：

1　天棚宜采用全吊顶设计，通风管道、消防管道、强弱电管线等宜与结构楼板分离，敷设在吊顶内，并采用专用吊件固定在结构楼板（梁）上。

2　吊顶内设备管线关键部位应设置检修口。

4.5.4　墙体预埋电气管线等宜设置在内隔墙夹层或空腔内。

4.5.5　内装设计宜采用集成化成套体系，并遵循以下原则：

1　接口应做到位置固定，连接合理，拆装方便，使用可靠。

2　共用部品不宜设置在专用空间内。

3　设计使用年限较短部品的维修和更换不宜破坏设计使用

年限较长的部品。

4 专用部品的维修和更换不影响共用部品和其它部品的使用。

4.5.6 当有架空层或吊顶时，管线宜敷设在架空层或吊顶内，并遵循以下原则：

1 采暖主管线、给排水管线宜敷设在地板架空层内。

2 水平放置的消防、通风空调、电气等管线宜设置在天棚架空层内。

4.5.7 装配式混凝土建筑的内装部品、室内设备管线与主体结构的连接宜符合下列规定：

1 内装部品、室内设备管线宜在设计阶段明确在主体结构上的开洞尺寸及准确定位，不宜在主体结构上后开洞口。

2 内装部品和设备管线与预制构件的连接宜采用预留预埋的安装方式。当采用其他安装固定方法时，不应影响预制构件的完整性与结构安全。

4.5.8 装配式混凝土建筑宜选用集成式厨房，合理设置洗涤池、灶具、操作台、排油烟机等设施。

4.5.9 装配式混凝土建筑宜选用集成式卫生间，综合考虑洗衣机、排气扇（管）、暖风机等的设置。

5 结构设计

5.1 基本规定

5.1.1 装配整体式混凝土结构房屋的最大适用高度应符合表 5.1.1 的要求。

表 5.1.1 各种结构房屋的最大适用高度（m）

结构类型	抗震设防烈度			
	6 度	7 度	8 度（0.20g）	8 度（0.30g）
装配整体式框架结构	60	50	40	30
装配整体式框架-现浇核心筒结构	150	130	100	90
装配整体式框架-现浇剪力墙结构	130	120	100	80
装配整体式剪力墙结构	130	110	90	70

注：房屋高度指室外地面到主要屋面的高度，不包括局部突出屋顶部分。

5.1.2 装配整体式混凝土结构中竖向构件全部为现浇且楼盖采用叠合梁、板时，其最大适用高度与现浇结构相同。

5.1.3 抗震设计时，装配整体式混凝土结构应根据抗震设防类别、抗震设防烈度、结构类型和房屋高度采用不同的抗震等级，并应符合相应的计算和构造措施要求。丙类装配整体式混凝土结构抗震等级应符合表 5.1.3 规定。

表 5.1.3　丙类建筑装配整体式混凝土结构的抗震等级

<table>
<tr><td colspan="2" rowspan="2">结构类型</td><td colspan="8">抗震设防烈度</td></tr>
<tr><td colspan="2">6 度</td><td colspan="3">7 度</td><td colspan="3">8 度</td></tr>
<tr><td rowspan="3">装配整体式框架结构</td><td>高度/m</td><td>≤24</td><td>＞24</td><td>≤24</td><td colspan="2">＞24</td><td colspan="2">≤24</td><td>＞24</td></tr>
<tr><td>框架</td><td>四</td><td>三</td><td>三</td><td colspan="2">二</td><td colspan="2">二</td><td>一</td></tr>
<tr><td>大跨度框架</td><td colspan="2">三</td><td colspan="3">二</td><td colspan="3">一</td></tr>
<tr><td rowspan="3">装配整体式框架-现浇剪力墙结构</td><td>高度/m</td><td>≤60</td><td>＞60</td><td>≤24</td><td>>24 且≤60</td><td>＞60</td><td>≤24</td><td>>24 且≤60</td><td>＞60</td></tr>
<tr><td>框架</td><td>四</td><td>三</td><td>四</td><td>三</td><td>二</td><td>三</td><td>二</td><td>一</td></tr>
<tr><td>剪力墙</td><td>三</td><td>三</td><td>三</td><td>二</td><td>二</td><td>二</td><td>一</td><td>一</td></tr>
<tr><td rowspan="2">框架-现浇核心筒结构</td><td>框架</td><td colspan="2">三</td><td colspan="3">二</td><td colspan="3">一</td></tr>
<tr><td>核心筒</td><td colspan="2">二</td><td colspan="3">二</td><td colspan="3">一</td></tr>
<tr><td rowspan="2">装配整体式剪力墙结构</td><td>高度/m</td><td>≤70</td><td>＞70</td><td>≤24</td><td>>24 且≤70</td><td>＞70</td><td>≤24</td><td>>24 且≤70</td><td>＞70</td></tr>
<tr><td>剪力墙</td><td>四</td><td>三</td><td>四</td><td>三</td><td>二</td><td>三</td><td>二</td><td>一</td></tr>
</table>

注：大跨度框架指跨度不小于 18 m 的框架。

5.1.4　高层装配整体式混凝土结构应符合以下规定：

1　楼盖应采用预制叠合楼盖，结构顶层采用预制叠合楼盖时，现浇层厚度不应小于 100 mm。

2　平面复杂或开洞过大的楼层、作为上部结构嵌固部位的地下室顶板应采用现浇楼盖结构。

3　高层部分的地下室应采用现浇结构。

5.1.5　框架-剪力墙结构在规定水平力作用下，结构底层框架部分承受的地震倾覆力矩不应大于结构总地震倾覆力矩的 50%。

5.1.6 装配式混凝土结构设计中，宜符合预制构件标准化和现场施工标准化的要求。

5.1.7 装配式混凝土结构设计中，应明确预制构件在制作、运输及安装阶段的设计要求。

5.1.8 预制构件与现浇混凝土的结合面应设置粗糙面，梁端及剪力墙端部还应设置键槽。

5.1.9 装配式结构构件及节点应进行承载能力极限状态及正常使用极限状态设计，并应符合国家现行标准《混凝土结构设计规范》GB 50010、《建筑抗震设计规范》GB 50011、《高层建筑混凝土结构技术规程》JGJ 3 及《混凝土结构工程施工规范》GB 50666 的有关规定。

5.1.10 采用夹心外墙板时，应采取外叶墙板防坠落措施。

5.2 结构材料

5.2.1 装配式混凝土结构中，预制构件的混凝土强度等级不宜低于 C30，且不应低于 C25。预应力构件的混凝土强度等级不宜低于 C40，且不应低于 C30。连接部位的后浇混凝土强度等级不应低于所连接预制构件的混凝土强度等级。

5.2.2 装配式混凝土结构中，钢筋应符合国家现行标准《混凝土结构设计规范》GB 50010 的规定。钢材应符合国家现行标准《钢结构设计规范》GB 50017 的规定。

5.2.3 预制构件中采用的钢筋焊接网，应符合行业现行标准《钢筋焊接网混凝土结构技术规程》JGJ 114 的规定。

5.2.4 钢筋连接采用套筒灌浆连接和浆锚搭接连接时，应采用热轧带肋钢筋，且钢筋的屈服强度标准值不应大于 500 MPa。

5.2.5 钢筋套筒灌浆连接接头应采用配套生产的套筒和灌浆料。

5.2.6 钢筋连接用灌浆套筒的性能应符合行业现行标准《钢筋连接用灌浆套筒》JG/T 398 的要求。

5.2.7 钢筋套筒灌浆连接及浆锚搭接连接采用的水泥基灌浆料，其性能应满足行业现行标准《钢筋连接用套筒灌浆料》JG/T 408 的要求。

5.3 结构分析

5.3.1 装配式混凝土结构的作用及其作用组合应根据国家现行标准《建筑结构荷载规范》GB 50009、《建筑抗震设计规范》GB 50011 及《高层建筑混凝土结构设计规程》JGJ 3 确定。

5.3.2 预制构件的验算应包括下列作用组合：

1 承载力计算，应采用荷载的基本组合。

2 变形、抗裂验算，应采用荷载的标准组合或准永久组合。

3 实际运输及施工工况。

5.3.3 进行后浇叠合层混凝土施工阶段验算时，叠合楼盖的施工活荷载取值不宜小于 1.5 kN/m^2。

5.3.4 装配整体式混凝土结构采用与现浇混凝土结构相同的分析方法进行结构分析。当同一层内既有预制又有现浇的抗侧力构件时，宜对现浇抗侧力构件在水平力作用下的内力进行适当放大。

5.3.5 按弹性方法计算的风荷载或多遇地震标准值作用下的楼层层间最大水平位移与层高之比 $\Delta u/h$ 宜符合表 5.3.5 的规定。

表 5.3.5　楼层层间最大弹性位移与层高之比的限值

结构体系	$\Delta u/h$
框架结构	1/550
框架-剪力墙结构（框架-筒体结构）	1/800
剪力墙结构	1/1000

5.4　连　接

5.4.1　装配整体式混凝土结构中，接缝的正截面承载能力应符合现行国家标准《混凝土结构设计规范》GB 50010 的规定。接缝的受剪承载力应符合下列规定：

1　持久设计状况、短暂设计状况：

$$\gamma_0 V_{jd} \leqslant V_u \qquad (5.4.1\text{-}1)$$

2　地震设计状况：

$$V_{jdE} \leqslant V_{uE} / \gamma_{RE} \qquad (5.4.1\text{-}2)$$

式中　γ_0——结构重要性系数，安全等级为一级时不应小于 1.1，安全等级为二级时不应小于 1.0；

V_{jd}——持久设计状况、短暂设计状况下接缝剪力设计值；

V_{jdE}——地震设计状况下接缝剪力设计值；

V_u——持久设计状况、短暂设计状况下梁端、柱端、剪力墙底部接缝受剪承载力设计值；

V_{uE}——地震设计状况下梁端、柱端、剪力墙底部接缝受剪承载力设计值。

5.4.2　预制构件的连接位置宜设置在受力较小的部位。

5. 4. 3 钢筋采用套筒灌浆连接时，应符合现行行业标准《钢筋套筒灌浆连接应用技术规程》JGJ 355 的规定，并符合以下规定：

1 预留插筋孔下部应设置灌浆孔，灌浆孔中心至构件底边的距离宜为 25 mm；预留插筋孔上部应设置出浆孔，出浆孔中心高于插筋顶面的距离宜大于 50 mm。

2 预留插筋的灌浆孔边到构件边缘的距离不宜小于 25 mm。

3 灌浆料养护期间禁止扰动，下步施工时灌浆料强度应满足施工荷载要求，并不应低于设计强度的 70%。

5. 4. 4 钢筋采用浆锚搭接连接时，应符合以下规定：

1 钢筋直径不应大于 25 mm。

2 预留孔间的净距不应小于 50 mm，预留孔距构件边缘的最小距离不应小于 15 mm。

3 浆锚搭接连接的钢筋应逐根连接，浆锚搭接连接长度按较大直径钢筋计算，且不应小于 300 mm。

4 浆锚搭接连接应配置间接约束箍筋，箍筋不宜小于 ϕ8@50 mm。

5 直接承受动力荷载的构件纵向钢筋不应采用浆锚搭接连接。

5. 4. 5 钢筋采用环形搭接连接时，应符合下列规定：

1 钢筋直径不应大于 14 mm，环形钢筋的间距不应大于 4 d。

2 当竖向搭接时，钢筋搭接长度不应小于 300 mm。

3 环形区域的角部应设置直径不小于 10 mm 的附加钢筋。

6 框架结构

6.1 一般规定

6.1.1 除本标准另有规定外，装配整体式框架结构可按现浇混凝土框架结构进行设计。

6.1.2 装配整体式框架结构中，预制柱的纵向钢筋连接应符合下列规定：

1 纵向钢筋连接宜采用套筒灌浆连接。

2 高层装配整体式框架结构首层柱采用预制柱时，钢筋应采用套筒灌浆连接，钢筋连接位置宜设置在地坪标高以上且不低于 500 mm 处。

3 对于高度不大于 24 m 且结构抗震等级为三、四级的装配整体式框架结构，直径不大于 25 mm 的纵向钢筋可采用浆锚搭接连接。

6.2 构造要求

6.2.1 装配整体式框架结构中采用的预制柱应符合下列要求：

1 柱内纵向钢筋宜采用 HRB400、HRB500 热轧带肋钢筋，直径不宜小于 18 mm。

2 矩形柱柱宽或圆柱直径不宜小于 500 mm，且不宜小于同方向梁宽加 200 mm。

3　柱钢筋连接区域的箍筋宜采用焊接封闭箍或螺旋箍。

4　当采用套筒灌浆连接时，柱箍筋加密区不应小于钢筋连接区域并延伸 500 mm（图 6.2.1），套筒上端第一个箍筋距离套筒顶部不应大于 50 mm。

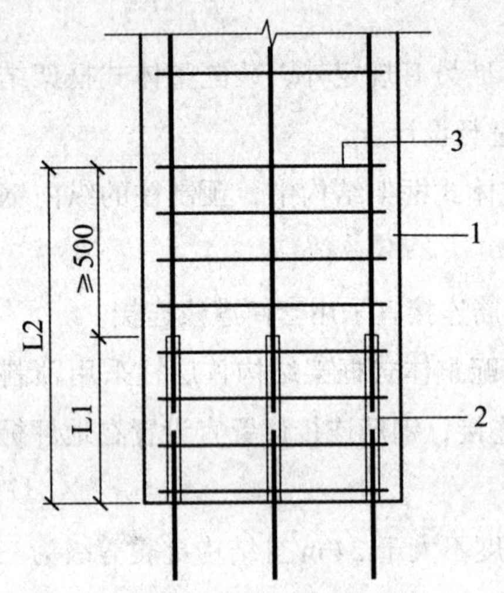

图 6.2.1　柱箍筋加密区域

1—预制柱；2—连接套筒；3—箍筋；L1—连接套筒区域；L2—最小箍筋加密区域

6.2.2　装配整体式框架结构中，框架叠合梁的设计应符合下列要求：

1　梁截面宽度不宜小于 200 mm。

2　梁下部钢筋应有不少于 50%的钢筋在节点区内锚固。

3　梁在柱上的搁置长度不宜小于 20 mm。

4　梁端部应设置键槽，键槽深度不低于 40 mm。

5　梁现浇层厚度不应小于150 mm且不宜小于梁高度的1/4。

6　对于抗震等级为一、二级的叠合梁，梁端箍筋加密区范围内应采用封闭箍筋。

6.2.3　装配整体式框架结构中，梁柱节点的拼缝宜设置在楼面标高处（图6.2.3），并应符合下列规定：

1　后浇节点区混凝土上表面应设置粗糙面。

2　下柱纵向钢筋应向上贯穿现浇节点区，与上柱纵向钢筋连接。

3　上柱底部与节点上表面之间应设置座浆层或灌浆层，座浆层或灌浆层的厚度不宜大于20 mm。

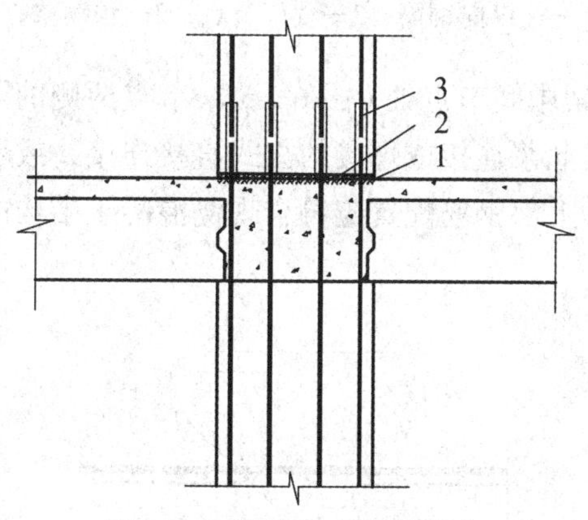

图6.2.3　预制柱叠合梁节点

1—节点区顶面粗糙面；2—拼缝灌浆层；3—柱纵筋连接

6.2.4　在框架顶层节点处（图 6.2.4），柱纵向钢筋在节点区内的锚固宜采用焊端锚板或螺栓锚头的机械锚固方式，钢筋应伸至梁顶，当截面尺寸不满足锚固长度要求时，可将柱向上延长。

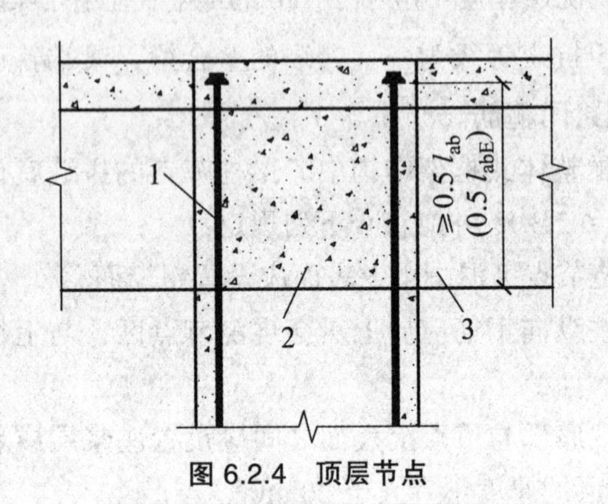

图 6.2.4　顶层节点

1—柱纵向钢筋；2—现浇节点；3—预制梁；

6.2.5　在框架中间节点处（图 6.2.5），节点两侧的梁下部纵向钢筋可采用套筒灌浆连接或焊接的方式直接连接，或者锚固在节点区混凝土内。上部钢筋配置应符合现浇混凝土结构的要求。

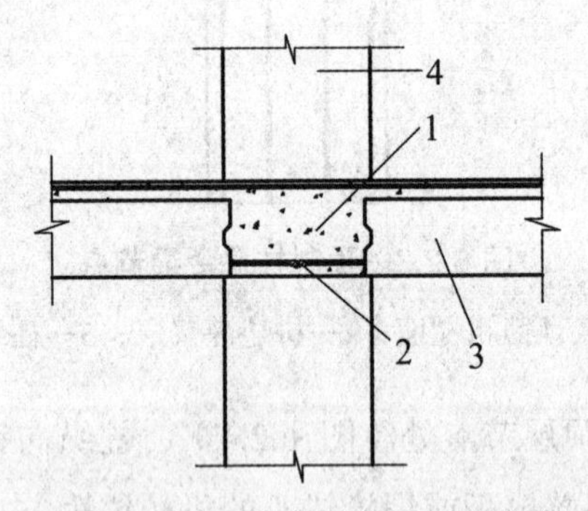

（a）梁下部纵向钢筋套筒灌浆连接或者焊接

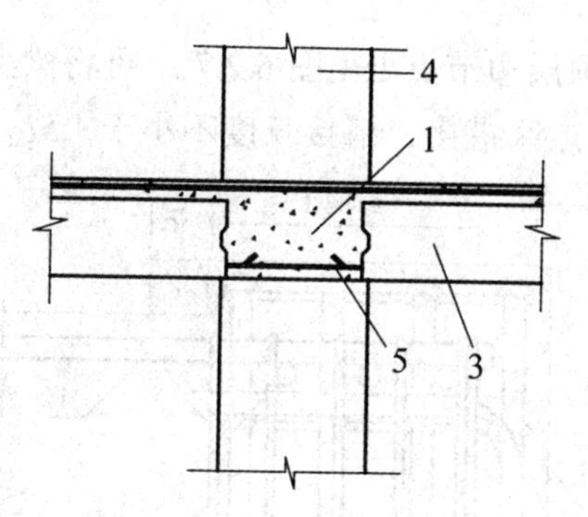

（b）梁下部纵向钢筋锚固

图 6.2.5　中间节点

1—现浇节点；2—下部纵筋连接；3—预制梁；
4—预制柱；5—下部纵筋锚固

6. 2. 6　在框架边节点处（图 6.2.6），梁纵向钢筋应锚固在节点区内。当柱截面尺寸不满足直线锚固要求时，钢筋端部可采用焊端锚板或螺栓锚头的机械锚固方式，也可采用 90 度弯折锚固，但钢筋直线段长度不应小于 0.4 l_{ab}。

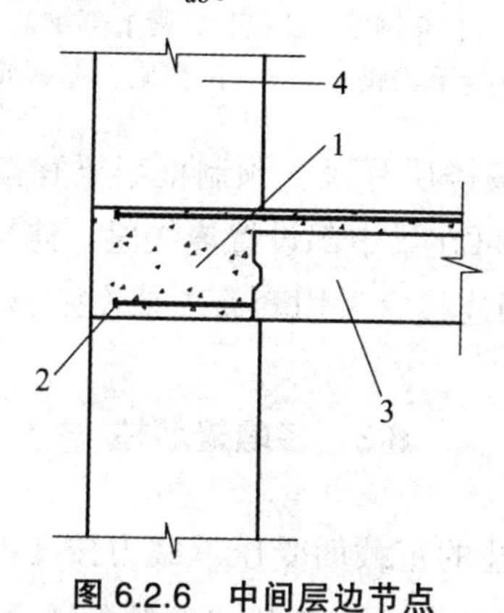

图 6.2.6　中间层边节点

1—现浇节点；2—梁纵筋锚固；3—预制梁；4—预制柱

6. 2. 7 在框架顶层边节点处（图 6.2.7），可将梁上部钢筋与柱外侧纵向钢筋在节点区搭接，搭接长度不小于 $1.5l_{ab}$。

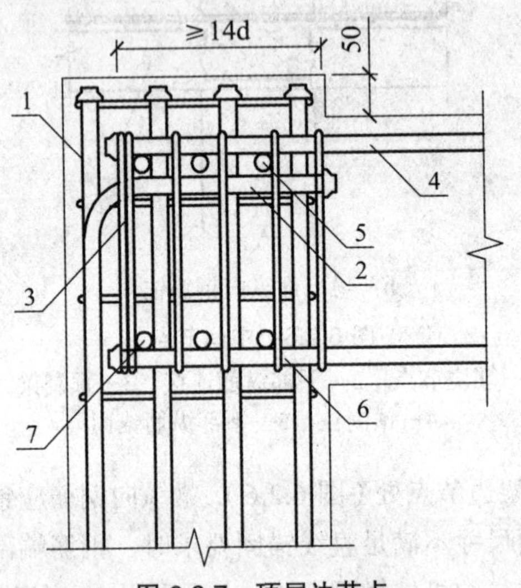

图 6.2.7 顶层边节点

1—梁宽范围外柱钢筋；2—梁宽范围内柱钢筋；3—附加箍筋；
4—梁上部钢筋；5—正交梁上部钢筋；
6—梁下部钢筋；7—正交梁下部钢筋

6. 2. 8 预制柱可按楼层分段。预制框架梁宜按单个跨度分段，当跨度较大时，亦可在梁中部设置连接段，连接段的长度不宜小于 1 000 mm，钢筋连接宜采用套筒灌浆连接。

6.3 多螺箍筋柱

6. 3. 1 多螺箍筋柱的正截面受压承载力按《混凝土结构设计规范》GB 50010 有关配置复合螺旋式箍筋的矩形截面规定计算。

6.3.2 偏心受压多螺箍筋柱斜截面受剪承载力应满足下列规定：

无地震组合时：

$$V \leqslant \frac{1.75}{\lambda+1} f_t b h_0 + f_{yv} \frac{0.85 A_{sv}}{s} h_0 + 0.07N \qquad (6.3.2\text{-}1)$$

地震组合时：

$$V \leqslant \frac{1}{\gamma_{RE}} \left(\frac{1.05}{\lambda+1} f_t b h_0 + f_{yv} \frac{0.85 A_{sv}}{s} h_0 + 0.056N \right) \qquad (6.3.2\text{-}2)$$

式中：V——剪力设计值；

N——与剪力设计值 V 相应的轴向压力设计值，当大于 $0.3 f_c A$ 时，取 $0.3 f_c A$，此处，A 为构件的截面面积；

λ——偏心受压构件计算截面的剪跨比；

b——截面宽度；

h_0——截面有效高度；

f_t——混凝土抗拉强度设计值；

f_{yv}——箍筋的抗拉强度设计值；

A_{sv}——配置在同一截面内箍筋各肢的全部截面面积，即 nA_{sv1}，此处，n 为 2，A_{sv1} 为单肢大圆螺旋箍筋的截面面积；

s——沿构件长度方向的大圆螺旋箍筋间距。

γ_{RE}——承载力抗震调整系数。

6.3.3 偏心受拉多螺箍筋柱斜截面受剪承载力应满足下列规定：

无地震组合时：

$$V \leqslant \frac{1.75}{\lambda+1} f_t b h_0 + f_{yv} \frac{0.85 A_{sv}}{s} h_0 - 0.2N \qquad (6.3.3\text{-}1)$$

地震组合时：

$$V \leqslant \frac{1}{\gamma_{RE}}\left(\frac{1.05}{\lambda+1}f_t bh_0 + f_{yv}\frac{0.85A_{sv}}{s}h_0 - 0.2N\right) \quad (6.3.3\text{-}2)$$

剪承载力计算值不小于 $f_{yv}\frac{0.85A_{sv}}{s}h_0$ 且不小于 $0.36f_t bh_0$。

6.3.4 多螺箍筋柱的钢筋配置应满足下列要求（图 6.3.3）：

1 多螺箍筋由一个大圆螺旋箍筋和四个小圆螺旋箍筋组成，大圆螺旋箍筋设置在截面中央，四个小圆螺旋箍筋设置在四角，小圆螺旋箍与大圆螺旋箍的交汇面积不宜小于小圆螺旋箍围箍面积的 30%。

2 当 $0.25 \leqslant D_2/D_1 \leqslant 0.4$ 时，大、小螺箍交汇区可不设置纵向钢筋。

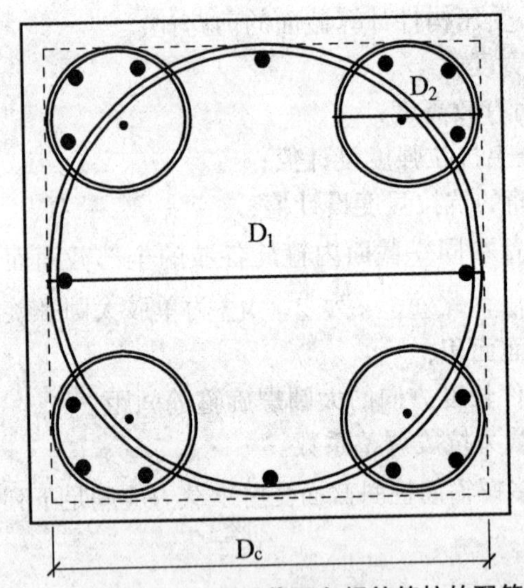

图 6.3.3 方形截面多螺箍筋柱的配筋方式

•—纵向钢筋；D_1—大螺旋箍的直径；D_2—小螺旋箍的直径；
Dc—方形截面高度扣除箍筋保护层后的尺寸

3　大圆螺旋箍圆形的最大外径与混凝土保护层内侧相切，最小外径不应小于小圆螺旋箍的圆形外径且不应小于 $0.5D_c$，D_c 为方形截面高度扣除箍筋保护层厚度。

4　小圆螺旋箍圆形的外径宜与保护层内侧两边相切，且不应大于 $0.5D_c$，宜取 $\frac{1}{4}D_1 \leqslant D_2 \leqslant \frac{1}{3}D_1$。

5　多螺箍筋柱应采用方形截面，且截面边长不应小于 600 mm，小圆螺旋箍的圆形外径不宜小于 120 mm。

6　多螺箍筋的直径不应小于 6 mm，不宜大于 25 mm。

6.3.5　多螺箍筋柱箍筋加密区的体积配箍率，按大、小螺旋箍筋分别计算，且均应符合《混凝土结构设计规范》GB 50010 的规定，其中最小配箍特征值 λ_v 按“螺旋箍、复合或连续复合矩形螺旋箍”选用。

6.3.6　多螺箍筋的端部处理及连接应满足下列要求：

1　多螺箍筋的末端应做成 135°弯钩，弯钩末端平直段长度不应小于 $5d$。

2　多螺箍筋可采用焊接、搭接或机械连接。

6.3.7　多螺箍筋柱的纵向钢筋设置应满足下列要求：

1　多螺箍筋柱中纵向受力钢筋的位置应根据承载力、施工适应性等要求确定。

2　多螺箍筋柱中，当纵向受力钢筋间距大于现行国家有关标准规定时，可增设直径不小于 10 mm 的纵向构造钢筋。

3　多螺箍筋柱中的纵向构造钢筋可不伸入梁柱节点，正截面承载力计算时不计其影响。

6.3.8 采用多螺箍筋柱的框架梁柱节点的箍筋配置应符合《混凝土结构设计规范》GB 50010、《建筑抗震设计规范》GB 50011的有关规定。

6.4 框排架结构

6.4.1 本节适用于由装配整体式框架和装配式排架组成的框排架结构。

6.4.2 框排架结构最大适用高度应符合表6.4.2的要求。

表6.4.2 框排架的最大适用高度（m）

结构类型	6度	7度	8度	
			0.2*g*	0.3*g*
框排架最大适用高度	55	50	40	35

6.4.3 钢筋混凝土框排架结构的框架应根据设防类别、烈度、结构类型和房屋高度采用不同的抗震等级，并应符合相应的计算和抗震构造措施要求。丙类框排架结构中，框架的抗震等级应按表6.4.3确定，排架的抗震等级参照框架确定。

表6.4.3 丙类框排架结构中框架的抗震等级

设防烈度	6度		7度		8度	
高度（m）	≤24	>24	≤24	>24	≤24	>24
框架抗震等级	四	三	三	二	二	一

6.4.4 框排架结构的平面和竖向布置应符合下列规定：

1 在结构单元平面内，框架与排架应对称均匀布置。在结构单元内，各柱列的侧移刚度宜均匀。

2 竖向抗侧力构件的截面尺寸宜自下而上逐渐减小，并应避免抗侧力构件的侧移刚度和承载力突变。

3 框架柱中线与梁中线之间的偏心距不宜大于柱宽的 1/4，大于柱宽的 1/4 时，应计入偏心的影响。

4 当框架部分高度大于 24 m 时，不应采用单跨框架结构。

6.4.5 框排架结构的围护墙宜选用轻质材料，当采用钢筋混凝土墙板时，其与主体结构之间的连接方式应具有适应结构位移的能力。

6.4.6 当符合下列情况之一时，框排架结构应设置防震缝：

1 结构的平面和竖向布置不规则。

2 质量和刚度沿纵向分布有突变。

6.4.7 楼（屋）盖采用预制板时，应采取保证楼（屋）盖的整体性及其与框架梁、排架梁可靠连接的措施。对于抗震等级为二级及以下的框排架结构，当楼（屋）盖采有用预制板时，宜符合下列规定：

1 预制板板肋下端应与支承梁焊接。

2 预制板上应设置不低于 C30 的混凝土后浇层，其厚度不低于 50 mm，且应配置双向 ϕ6@200 的钢筋网；

3 预制板之间应在支座处的纵向拼缝内设置直径不小于 8 mm 的钢筋网，其伸出支座长度不宜低于 1.0 m，板缝应采用 C30 混凝土浇筑。

6.4.8 柱轴压比不宜大于表 6.4.8 的规定。

表 6.4.8 柱轴压比

抗震等级	一级	二级	三级	四级
轴压比	0.6	0.7	0.8	0.85

6.4.9 当跨度大于 24 m 或位于 8 度 III、IV 类场地时，屋盖宜选用钢屋架。

6.4.10 排架支撑的布置应符合现行国家标准《构筑物抗震设计规范》GB 50191 的要求。

6.5 整体预应力装配式板柱结构设计

6.5.1 本节适用于抗震设防烈度为 7 度及 7 度以下地区，建筑高度不超过 18 m，建筑设防类别为丙类的整体预应力装配式板柱结构设计。

6.5.2 整体预应力装配式板柱结构宜设置抗侧力剪力墙，柱网应采用矩形柱网，且柱列应纵横贯通，柱网尺寸不宜大于 9 m。

6.5.3 整体预应力装配式板柱结构节点可作为刚性节点，按照线弹性分析方法进行内力位移计算。

6.5.4 在承载力计算及抗裂验算中，预应力筋对主体结构的作用力可作为预应力荷载作用在主体结构上，并计算对主体结构产生的综合内力。

6.5.5 结构在多遇地震作用下的楼层内最大弹性层间位移，应符合现行国家标准《建筑抗震设计规范》GB 50011 的要求。

6.5.6 整体预应力装配式板柱结构的柱应符合下列规定：

1 柱应为矩形截面，且在楼板厚度范围内应留有双向预应力束的孔道。

2 柱的内力应考虑预应力压缩变形的影响。

3 预制柱上下接头位置宜设在板面以上 0.8 ~ 1.0 m 处。

4 柱在板底、板面处宜设置双层套箍，如图 6.5.6 所示。

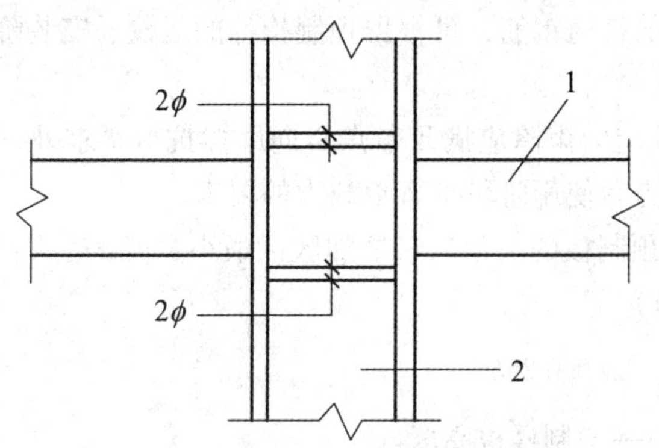

图 6.5.6 板面、板底处柱的双层套箍

1—楼板；2—柱

6. 5. 7 整体预应力装配式板柱结构的板应符合下列规定：

1 预制楼板的现浇叠合层厚度不宜小于 80 mm。

2 预制楼板与柱接触的板角应留有缺口，且与柱双面平接。

3 板柱节点处，应在柱两侧各一倍板肋高度范围内的叠合层中布置连续通过支座的普通钢筋，普通钢筋宜承担 10% ~ 20% 的负弯矩。

4 预制楼板可采用整板或拼板。

6. 5. 8 板柱节点接缝接触面处的竖向抗剪承载力应按式 6.5.8 计算：

$$V \leqslant 0.36\mu N_{tot} \tag{6.5.8}$$

式中：V——竖向荷载产生的剪力基本组合设计值；

N_{tot}——预应力综合轴力的有效值，（γ_p=1）；

μ——摩擦系数，取0.7。

6.5.9 承载力计算应符合下列规定：

1 预制楼板的内肋及面板的配筋可根据竖向荷载的作用确定，边肋的普通钢筋，可根据预制构件的运输、安装阶段承载力要求配置。

2 预应力束除应满足节点竖向摩擦抗剪要求外，尚应满足施加预应力后使用阶段抗弯承载力的要求。

6.5.10 预制板的板角缺口处加腋区最小宽度a应符合下式规定（图6.5.10）：

$$a \geqslant 0.85h \tag{6.5.10}$$

式中：h——预制楼板高度。

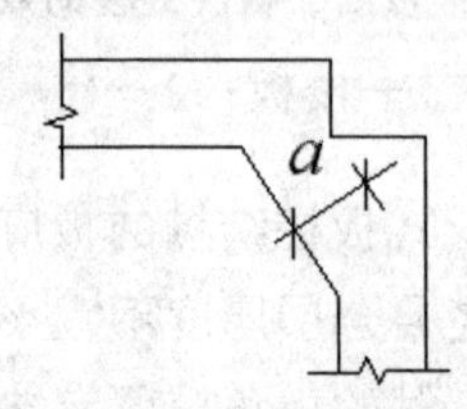

图6.5.10 板角直角缺口处加腋区最小宽度

6.5.11 框架梁的明槽两侧楼板边肋上部应按图6.5.11所示将伸出钢筋相互焊接或搭接，该上部钢筋应从与边肋垂直相交的每根内肋伸出。当一侧为边梁时，也应相应从边梁伸出钢筋与楼板的伸出钢筋焊接或搭接。

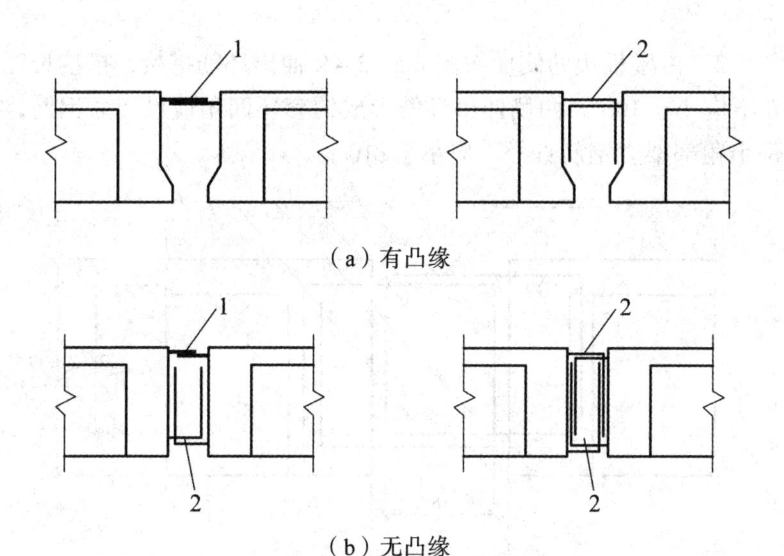

图 6.5.11　框架梁的明槽两侧楼板之间连接钢筋

1—焊接，单面搭接焊接长度≥10d；2—钢筋伸出长度≥20d

6. 5. 12　采用拼板时，在拼缝处钢筋连接应符合以下规定：

1　在楼板边肋侧面由图 6.5.12－1 中内肋伸出主筋焊接，其直径不应小于 10 mm，单面搭接焊接长度不应小于10d 。

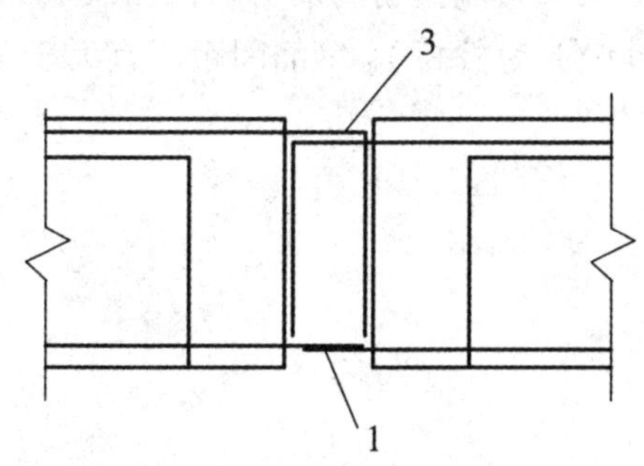

图 6.5.12－1　拼缝两侧伸筋焊接

1—主筋焊接，单面搭接焊接长度≥10d；3—构造连接

2　由楼板边肋侧面按图 6.5.12－2 伸出环筋搭接，搭接长度 l_b 不应小于 $10d$。两侧伸出环筋形成的套环四角应设架立钢筋，每个角部架立钢筋直径不应小于 $\phi10$。

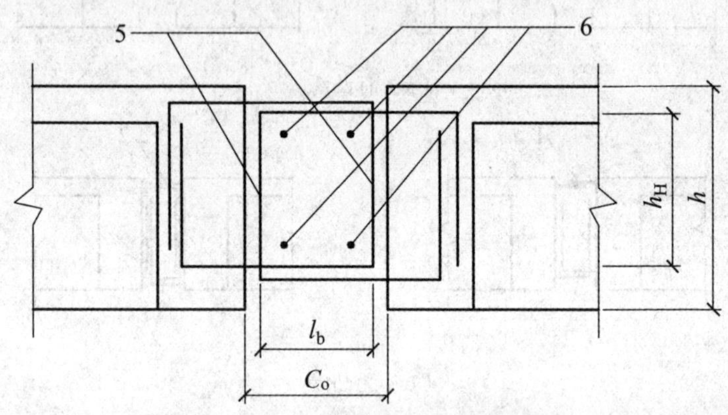

图 6.5.12－2　拼缝两侧伸出环筋搭接

5—环形钢筋，直径 $\leqslant\phi12$；6—预应力束或架立筋（$\geqslant\phi10$）

注：$l_b \geqslant 10d$；$C_o \geqslant 12d$

6. 5. 13　预应力损失应按照实际施工工艺计算。

6. 5. 14　等代框架梁梁端箍筋的加密区长度取 1.5 h 或 500 mm 二者中较大者（其中 h 为板高）。箍筋间距不宜大于 100 mm，直径不小于 8 mm。

7 剪力墙结构

7.1 一般规定

7.1.1 装配整体式剪力墙结构的布置应满足下列要求：

1 应沿两个方向布置剪力墙，且两个方向的动力特性不宜相差过大。

2 剪力墙的平面布置宜简单、规则，自下而上宜连续布置，避免层间侧向刚度突变。

3 剪力墙门窗洞口宜上下对齐、成列布置，形成明确的墙肢和连梁。抗震等级为一、二、三级的剪力墙底部加强部位不应采用错洞墙，结构全高均不应采用叠合错洞墙。

4 剪力墙墙段长度不宜大于 8 m，各墙段高度与长度的比值不宜小于 3。

7.1.2 高层装配整体式混凝土剪力墙结构的下列部位宜采用现浇剪力墙：

1 电梯井、楼梯间、公共管道井和通风排烟竖井等部位。

2 结构主要连接及应力复杂部位。

3 其他不宜采用预制剪力墙的部位。

7.1.3 高层剪力墙结构中，预制的剪力墙在平面上宜均匀布置，且预制剪力墙构件底部承担的总剪力不宜大于该层总剪力的 50%。

7.1.4 剪力墙结构宜采用大开间楼板结构。

7.2 结构设计

7.2.1 对于高宽比较大的剪力墙，宜避免预制剪力墙出现小偏心受拉。

7.2.2 高层装配整体式混凝土剪力墙结构中，底部加强区域采用预制剪力墙时，宜符合下列要求：

1 剪力墙墙厚不宜小于 250 mm。

2 预制剪力墙中的竖向钢筋应采用套筒灌浆连接技术且逐根连接。

3 在设防烈度作用下，预制剪力墙的名义拉应力应小于等于 0。

7.2.3 预制墙板底面竖向连接的受剪承载力设计值应按下列公式进行计算：

$$V_{jd} = 0.6 f_y As + 0.8N \tag{7.2.3}$$

式中 V_{jd} —— 竖向连接处受剪承载力设计值；

f_y —— 钢筋抗拉强度设计值；

A_s —— 垂直于结合面的抗剪钢筋面积；

N —— 与剪力设计值 V_{jd} 对应的垂直于结合面的轴力设计值，压力时取正，拉力时取负，当轴力大于 $0.6 f_c bh_0$ 时，取为 $0.6 f_c bh_0$。

7.2.4 预制剪力墙现浇连接部位应充分考虑预制墙体对现浇连接部位的约束作用，避免收缩裂缝。

7.3 构造要求

7.3.1 高层预制剪力墙的厚度不宜小于 160 mm。

7.3.2 高层预制剪力墙与现浇混凝土剪力墙水平连接宜设置在受力较小部位。

7.3.3 预制剪力墙的竖向钢筋连接应符合下列规定：

1 边缘构件内的竖向钢筋应逐根连接。

2 非边缘构件内的竖向钢筋可采用“梅花型”部分连接。

7.3.4 上下层预制剪力墙的竖向钢筋采用“梅花型”部分连接时（图 7.3.4），被连接的同侧钢筋间距不应大于 600 mm，且在剪力墙构件承载力设计和分布钢筋配筋率计算中不得计入不连接的分布钢筋。不连接的竖向分布钢筋直径不应小于 6 mm。

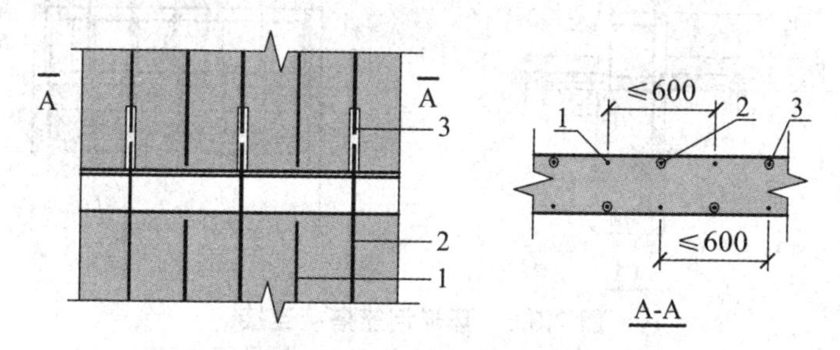

图 7.3.4 竖向钢筋套筒灌浆连接“梅花形”部分连接构造示意图

1—不连接的竖向钢筋；2—连接的竖向钢筋；3—灌浆套筒

7.3.5 高层预制剪力墙竖向钢筋连接区域（图 7.3.5），水平分布筋应加密，其最大间距 100 mm，钢筋最小直径 8 mm，加密区域高度自套筒底部至顶部并向上延伸长度不应小于 300 mm。

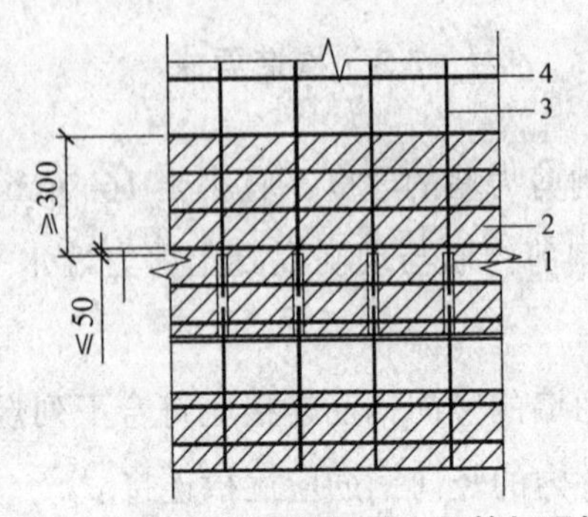

图 7.3.5　竖向钢筋连接区域水平筋加强构造

1—竖向钢筋连接；2—水平钢筋加密区域；3—竖向钢筋；4—水平钢筋

7.3.6　预制剪力墙竖向钢筋可采用环形钢筋搭接连接(图 7.3.6)。

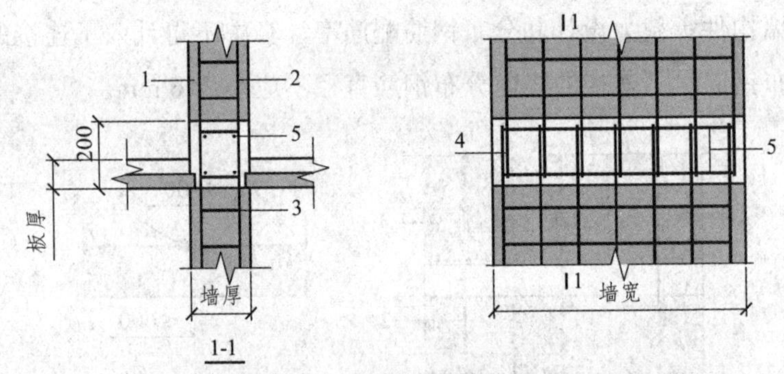

图 7.3.6　环形钢筋搭接连接

1—预制剪力墙；2—竖向钢筋；3—水平钢筋；
4—U 形环筋；5—附加筋≥4ϕ12

7.3.7　高层预制剪力墙的水平钢筋应采用焊接、机械连接或搭接连接方式与现浇段内水平钢筋连接。

7.3.8　高层预制剪力墙的水平连接宜符合下列要求：

1　预制剪力墙在拼接部位宜留深度为 30 ~ 50 mm 的键槽，如图 7.3.8（a)。

2 “一”字形连接时，现浇段长度不宜小于钢筋搭接锚固长度的要求，如图 7.3.8（b）。

3 “L”形、“T”形连接时，现浇段长度不应小于相应墙厚且不小于 300 mm，如图 7.3.8（c）。

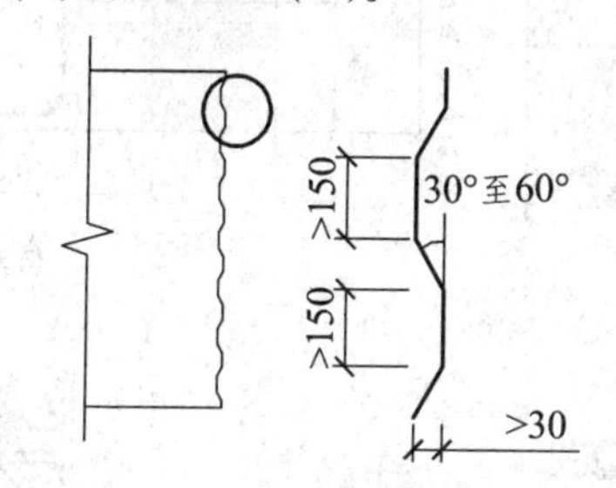

（a）预制剪力墙拼接部位构造示意图

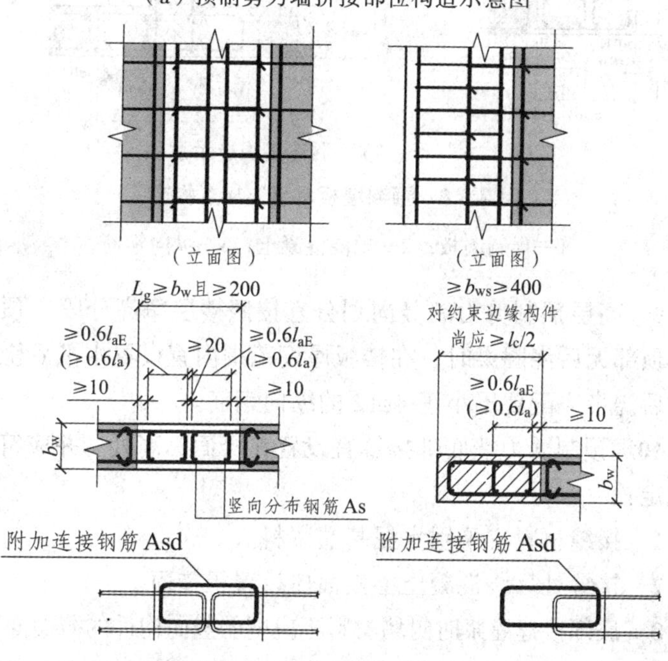

（b）“一”字形连接构造示意图

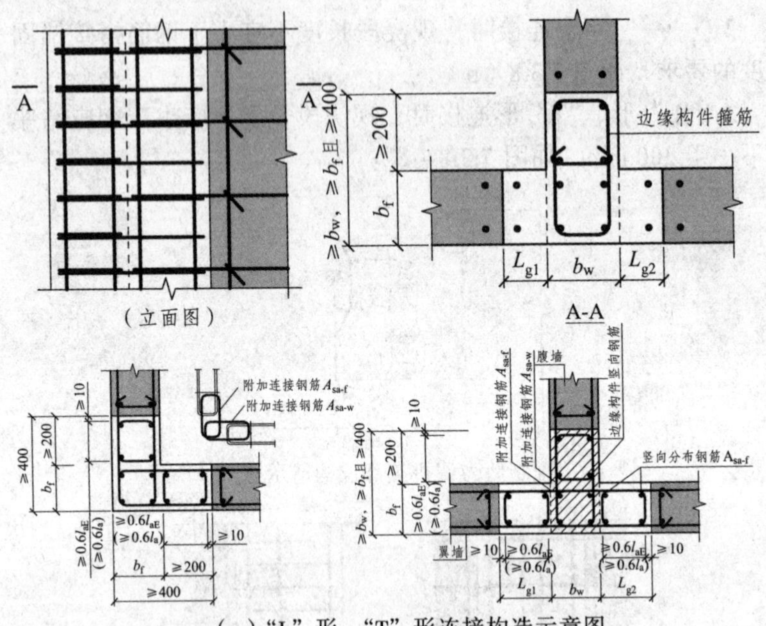

（c）“L”形、“T”形连接构造示意图

图 7.3.8 预制墙板水平连接点构造

1—预制墙板；2—现浇混凝土；3—纵向钢筋

7.3.9 高层预制剪力墙竖向划分宜按照楼层净高分段。预制剪力墙顶部无后浇圈梁时，在楼板厚度范围内宜设置水平后浇带，水平后浇带应配置不小于 4ϕ12 的纵向钢筋。

7.3.10 预制剪力墙底部接缝宜设置在楼面标高处，并应符合下列规定：

1 接缝材料宜采用水泥基灌浆料。

2 接缝处后浇混凝土上表面应设置粗糙面。

3 底部接缝灌浆时封堵材料不应削弱竖向构件的截面面积。

7.3.11 预制梁纵向钢筋与预制剪力墙相连时，连梁纵向钢筋宜放在剪力墙竖向钢筋内侧，否则应采取可靠的措施。

7.3.12 预制墙板洞口下墙体的构造做法应与结构整体计算模型一致，且宜符合下列规定：

1 当计算模型没有考虑窗下墙对主体结构的刚度时，应采用对主体结构刚度影响小的方案。

2 窗下墙宽度大于等于 1.5 m 时，与下层墙体之间宜设置竖向限位钢筋。

3 窗下墙按照围护墙设计时，可采用填充轻质材料做法。

4 窗下墙作为连梁时，应采用双连梁的构造。

8 楼 盖

8.1 一般规定

8.1.1 施工阶段有可靠支撑的叠合梁、叠合板，可按整体受弯构件计算。施工阶段无支撑的叠合梁、叠合板，应按二阶段受力计算。

8.1.2 叠合梁、叠合板的抗弯及抗剪承载力计算应符合国家现行标准《混凝土结构设计规范》GB 50010 的要求。

8.1.3 除预制框架叠合梁外，其他类型的叠合梁、叠合板可按照简支构件进行设计。叠合梁按连续构件设计时，预制梁下部钢筋应有不少于 50%的配筋伸入支座或节点。

8.1.4 预制框架叠合梁的设计尚应符合本标准第 6 章的要求。

8.1.5 叠合梁粗糙面凹凸不应小于 6 mm，叠合板粗糙面凹凸不应小于 4 mm。

8.1.6 叠合梁及叠合板应按照实际施工支撑条件进行施工阶段验算。

8.2 叠合梁设计

8.2.1 叠合梁叠合面受剪承载力应符合国家现行标准《混凝土结构设计规范》GB 50010 的规定。

8.2.2 非框架叠合梁的钢筋配置应符合以下规定:

1 按照连续构件设计的非框架叠合梁的上部纵向受力钢筋应连续。

2 非框架叠合梁的下部纵向受力钢筋可在梁端锚固。

3 非框架叠合梁的箍筋可采用开口箍现场封闭的形式（图8.2.2），开口箍筋与预制梁在工厂一同制作，开口箍上方采用135°弯钩且直段长度不应小于 $10d$。现场采用箍筋帽封闭开口箍，箍筋帽一侧采用 90°弯钩，一侧采用 135°弯钩且直段长度不应小于 $10d$。梁上部纵筋现场安装。

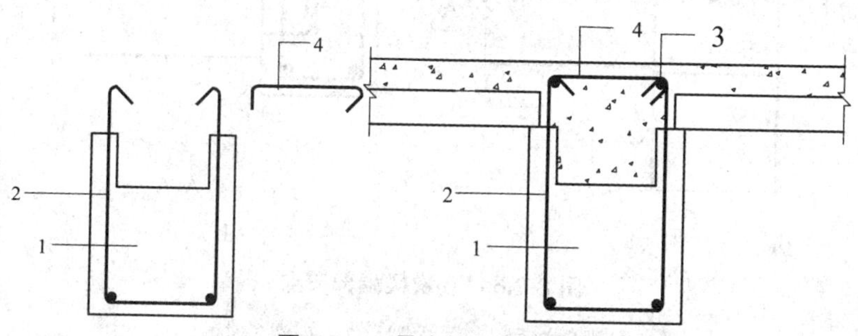

图 8.2.2 叠合梁钢筋构造

1—预制梁；2—预制箍筋；3—上部纵筋；4—箍筋帽

8.2.3 叠合梁与叠合板的叠合层同时施工时，叠合部分混凝土强度等级应取叠合梁与叠合板两者的设计强度等级较高者。

8.2.4 非框架叠合梁的现浇层厚度不应小于 100 mm。

8.2.5 预制叠合梁的预制面以下 100 mm 范围内，每侧宜设置 1 根直径不小于 12 mm 的附加纵筋。

8.2.6 当次梁与主梁采用固接连接时，连接节点处主梁上应设置现浇段。边节点处，次梁纵向钢筋锚入主梁现浇段内（图8.2.6-1）。中间节点处，两侧次梁的下部钢筋在现浇段内锚固（图8.2.6-2）或连接。次梁上部纵筋在现浇层内连续。钢筋锚固长度应符合国家现行标准《混凝土结构设计规范》GB 50010 中的有关规定。

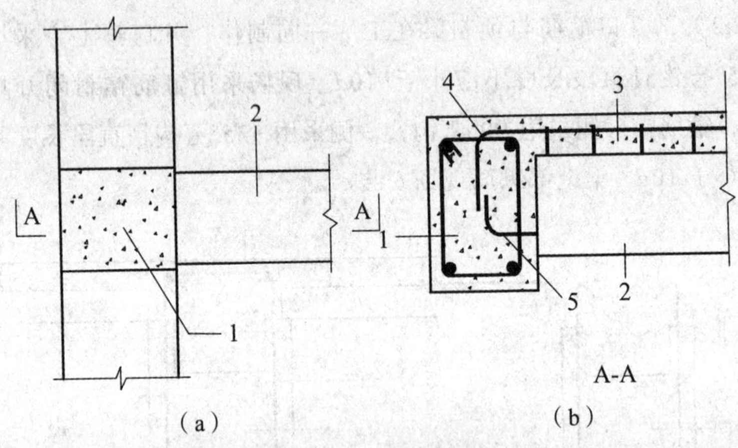

（a）　　　　　　　　（b）

图 8.2.6-1　次梁端部节点

1—主梁现浇段；2—次梁；3—现浇层混凝土；

4—次梁上部钢筋锚固；5—次梁下部钢筋锚固

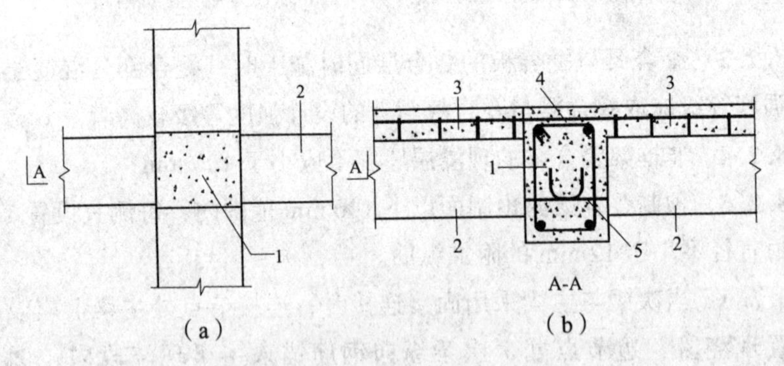

（a）　　　　　　　　（b）

图 8.2.6-2　连续次梁中间节点

1—主梁现浇段；2—次梁；3—现浇层混凝土；

4—次梁上部钢筋连续；5—次梁下部钢筋锚固

8.2.7 当次梁直接搁置于主梁上时，主梁宜设置挑耳，次梁设置企口。次梁上部现浇层内应设置构造钢筋（图 8.2.7）。

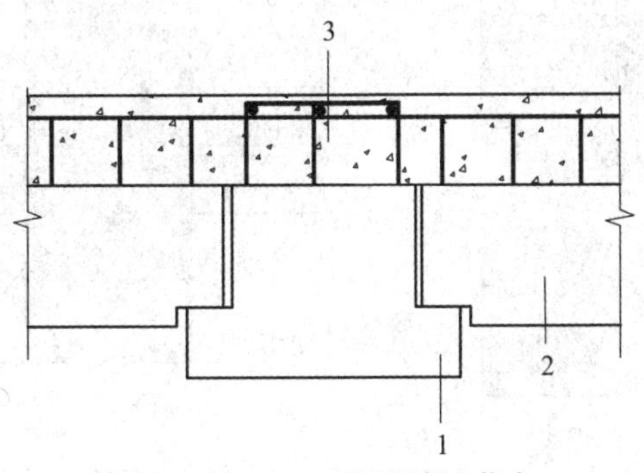

图 8.2.7 企口–挑耳铰接节点

1—主梁挑耳；2—次梁；3—现浇层混凝土

8.2.8 当次梁与主梁的连接采用钢板企口连接时，应符合下列要求：

1 在企口局部宜设置钢板、局部加强箍筋（图 8.2.8）。局部加强箍筋设置在次梁端部 1.5 倍叠合梁高范围内，箍筋加密一倍。

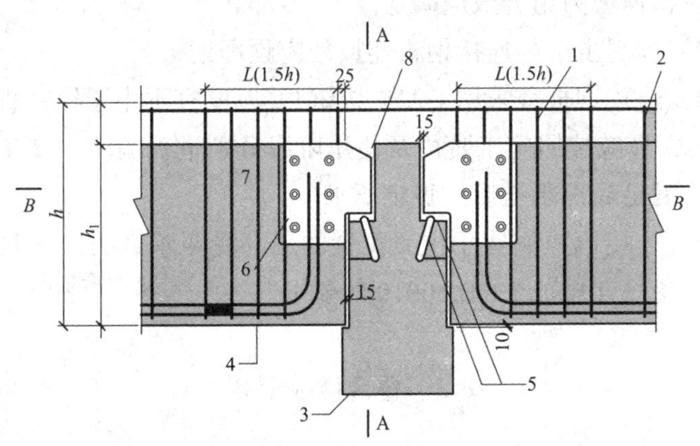

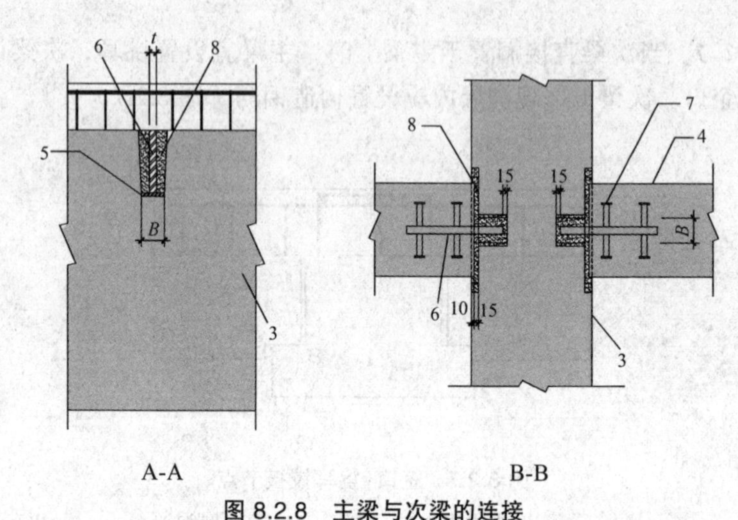

图 8.2.8 主梁与次梁的连接

1—端部补强加密箍筋；2—次梁原设计箍筋；3—预制主梁；4—预制次梁；5—预埋件；6—钢板；7—栓钉；8—无收缩砂浆；h_1—现浇叠合层厚度；h_2—预制梁高；t—牛担板厚度；B—预制次梁跨座宽度。

2 连接钢板上应焊接栓钉，栓钉应双面对称布置，栓钉的规格应根据剪力组合效应确定。

3 预制主梁与连接钢板连接处应预埋钢板。

4 连接钢板宜采用 Q235 级钢，其厚度宜不小于栓钉直径的 0.6 倍，且应按照施工阶段及使用阶段分别进行验算，施工阶段验算应满足局部承压以及稳定要求。

5 连接钢板搁置于主梁位置的局部受压承载力应满足《混凝土结构设计规范》GB 50010 的要求。

8.3 叠合楼板设计

8.3.1 叠合楼板可采用单向预制底板（图 8.3.1a）或双向预制底

板（图 8.3.1b）。

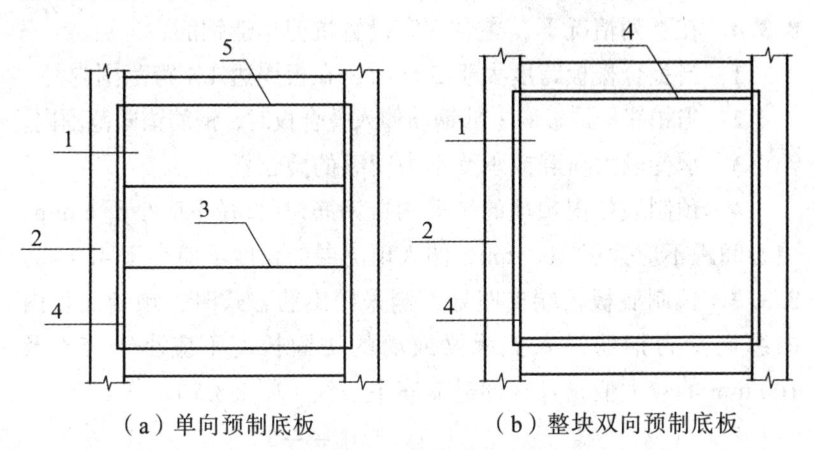

（a）单向预制底板　　（b）整块双向预制底板

图 8.3.1　预制底板形式

1—预制叠合板；2—梁或墙；3—板侧分离式拼缝；
4—板端支座；5—板侧支座

8.3.2　叠合楼板的设计应符合下列要求：

1　预制底板的厚度不应小于 50 mm。

2　现浇层的厚度不应小于 60 mm 且不应小于预制底板的厚度。

3　预制底板在梁或剪力墙上的搁置长度不宜小于 15 mm。

4　当叠合楼板的跨度大于 5 m 时，宜采用预应力叠合楼板。

5　预应力叠合楼板的跨中最小配筋率不应小于 0.15%。

8.3.3　叠合面未配置抗剪钢筋时，其叠合面的受剪强度应符合下式 8.3.3 的要求：

$$\frac{V}{bh_0} \leqslant 0.4\ (\mathrm{N/mm^2}) \tag{8.3.3}$$

式中：V——水平结合面剪力设计值（N）；

b——叠合面的宽度（mm）；

h_0——叠合面的有效高度（mm）。

8. 3. 4 在下列情况下，叠合面宜设置抗剪构造钢筋：

1 当叠合楼板跨度大于 5 m 时，在板周边 1/4 跨范围内。

2 当相邻悬挑板的上部钢筋伸入叠合板时，钢筋锚固范围内。

3 承受较大荷载或承受动力荷载的叠合板。

4 预制底板内预埋的抗剪构造钢筋，其直径不应小于 6 mm，中心间距不应大于 400 mm，伸入现浇层的长度不应小于 40 mm。

8. 3. 5 预制底板板端支座处，当采用出筋方式时，预制底板内的纵向受力钢筋锚入支承梁或墙的锚固长度不应小于 $5d$ 及 100 mm 的较大值，且宜伸过支座中心线（图 8.3.5）。

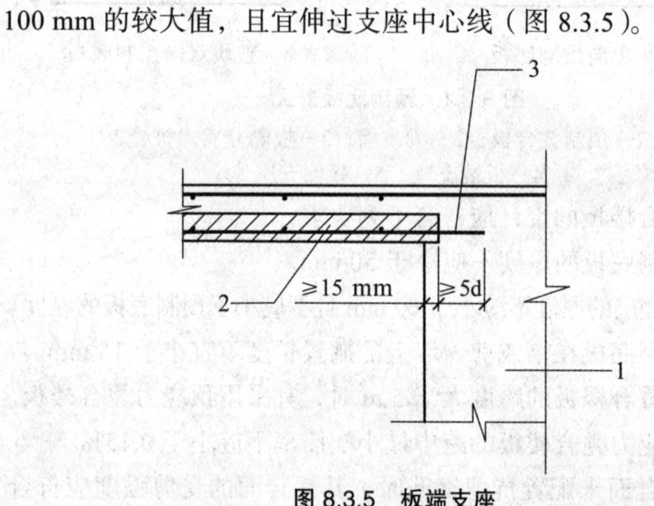

图 8.3.5 板端支座

1—撑梁或墙；2—预制板；3—纵向受力钢筋

8. 3. 6 单向预制底板板侧支座及板侧拼缝处的附加钢筋配置应符合下列要求：

1 板侧支座的附加钢筋配置应符合图 8.3.6-1 的要求；

2 板侧拼缝处的附加钢筋配置应符合图 8.3.6-2 的要求。

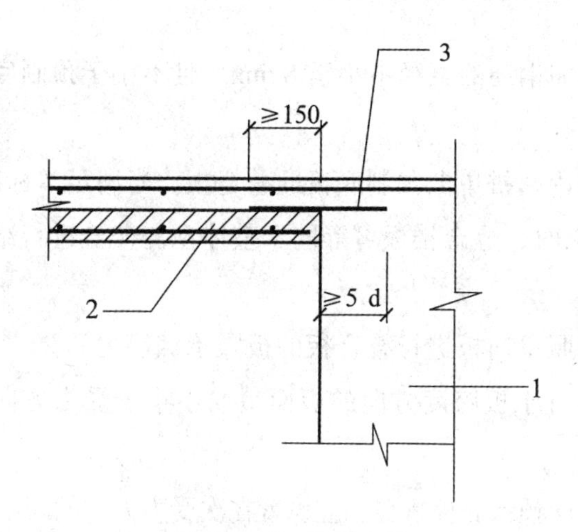

图 8.3.6-1　板侧支座

1—撑梁或墙；2—预制板；3—附加钢筋

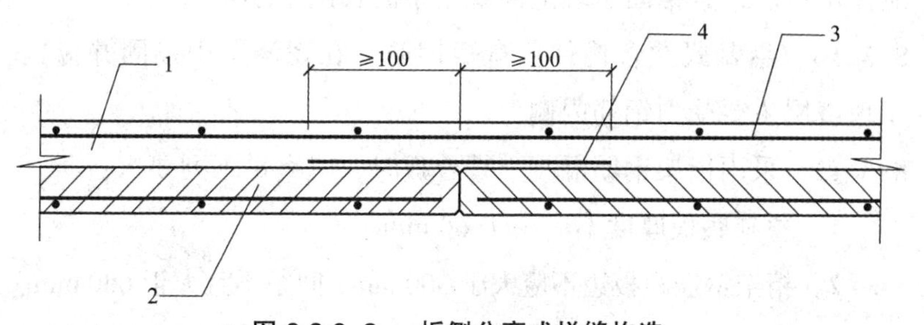

图 8.3.6-2　板侧分离式拼缝构造

1—现浇层；2—预制板；3—现浇层内钢筋；4—接缝钢筋

8.3.7　当满足下列条件时，预制底板的钢筋可不伸出。

1　预制叠合楼板的跨度不大于 5 m。

2　预制底板板端或板侧设置附加的附加钢筋，且钢筋搭接区域的现浇叠合层厚度不小于该区域预制底板厚度的 1.5 倍。

3　附加钢筋的搭接长度不宜小于 200 mm。

4 附加钢筋的直径不小于 8 mm，且不小于预制底板受力钢筋直径。

8.3.8 采用密拼单向预制底板的叠合板，当满足本标准 8.3.7 条及下列要求时，叠合楼板可等同于整体现浇楼盖进行结构整体分析。

1 按照单向板进行叠合板的极限承载能力验算。

2 垂直于板跨度方向的板面负筋不小于受力方向板面负筋的 50%。

3 单向预制底板拼缝不应设置在次受力方向的跨中 1/4 范围。

8.3.9 单向预制底板的板侧拼缝采用整体式拼缝时，板侧钢筋应伸出板侧，且锚固于现浇混凝土中的长度不小于 l_a。

8.3.10 悬臂式叠合构件负弯矩钢筋应在现浇层中锚固并应置于现浇层主要受力钢筋内侧。

8.3.11 采用桁架钢筋混凝土叠合板时，应满足下列要求：

1 预制底板厚度不应小于 60 mm。

2 桁架钢筋距板边不应大于 300 mm，间距不宜大于 600 mm。

3 桁架钢筋弦杆钢筋直径不宜小于 8 mm，腹杆钢筋直径不应小于 4 mm。

8.4 格子梁板

8.4.1 格子梁板适用于微振工业厂房的多层钢框架、混凝土框架的楼板。

8.4.2 格子梁板应按照双向密肋梁板结构设计，其肋梁应支承于以柱为支承的框架梁，且两方向肋梁的跨度比不宜大于 1.5。

8.4.3 格子梁板的跨度不应大于 10 m，肋梁间距不应大于 1.5 m。对有竖向微振动控制要求的格子梁板，其跨度不应大于 6 m。

8.4.4 格子梁板的截面宜满足下列要求：

1 格子梁板的预制部分高度不宜小于 150 mm，且不宜大于 800 mm。

2 格子梁板的预制部分边长不宜大于 6 000 mm，且不宜小于 1 200 mm。

3 格子梁板肋梁上的开孔直径不宜大于 1/3 倍梁高，且应位于截面中心。

4 有微振动控制要求时，肋梁上不宜设置孔洞。

5 预制格子梁板与现浇部分接合面应进行表面粗糙处理。

8.4.5 预制格子梁板的连接应满足下列要求：

1 预制格子梁板的连接可采用纵筋交错式现浇节点。预制格子梁板的纵向受力钢筋水平错开，端部应采用 180°弯折，相交钢筋的净间距不宜小于 10 mm，节点两侧反对称布置。

2 现浇梁带的表面应配置防裂构造钢筋。

8.4.6 预制格子梁板搁置于钢梁上时，梁翼缘宽度不应小于 300 mm，搁置长度不应小于 50 mm。

8.4.7 格子梁纵向受力钢筋宜伸入后浇区，弯折形成封闭形式，如图 8.4.7（a）所示，当有钢筋冲突无法放置梁主筋情况下，则可采用钢筋 180°弯折方式，如图 8.4.7（b）所示。

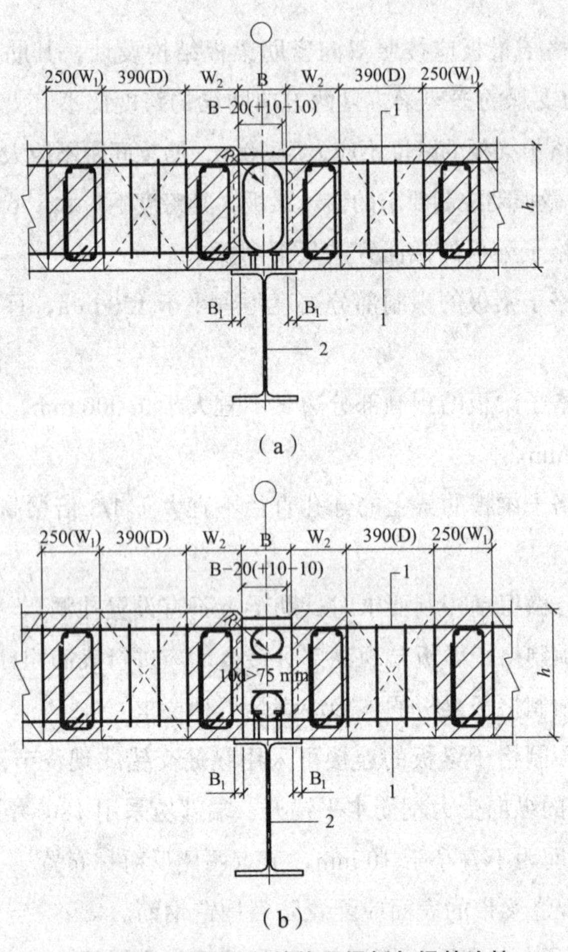

图 8.4.7　整体预制的格子梁板与梁的连接

1—格栅梁主筋；2—钢梁；h—预制格子板厚度；W_1、W_2—格栅梁宽度；D—钢筒直径。B—现浇梁宽；B_1—预制格子板搁置长度；R—钢筋弯曲半径。

8. 4. 8　叠合格子梁板与预制柱的连接宜满足下列要求：

1 叠合格子梁板与预制柱的连接可采用下部纵筋交错式整浇节点，如图 8.4.8（a）所示。叠合格子梁板的纵向受力钢筋水平错开，端部可采用 90°或 180°弯折，相交钢筋的净间距不宜小于 10 mm，节点两侧反对称布置。

2 叠合格子梁板搁置于牛腿的长度不宜小于 80 mm。牛腿设计应符合现行国家标准《混凝土结构设计规范》GB 50010 的规定。

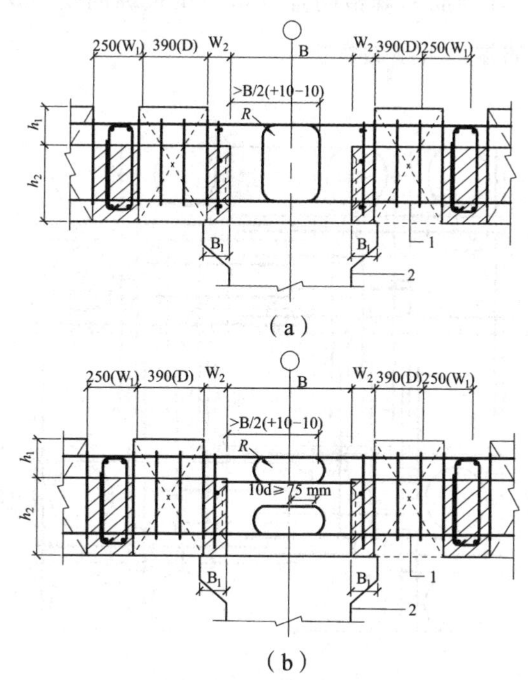

图 8.4.8 叠合格子梁板的连接

1—格栅梁主筋；2—预制柱；h_1—现浇层厚度；h_2—半预制格子板厚度；W_1，W_2—格栅梁宽度；

D—钢筒直径；B—现浇梁宽；B_1—预制格子板搁置长度；R—钢筋弯曲半径。

3 格子梁纵向受力钢筋宜伸入后浇区，弯折形成封闭形式，如图 8.4.8（a）所示，当有钢筋冲突无法放置梁主筋情况下，则可采用如图 8.4.8（b）所示的钢筋 180°弯折的方式。

8. 4. 9 从预制柱与格子梁板的整浇节点处，往水平四个方向各自延伸一个梁跨距离格子梁间距的范围内，应配置井字补强筋(图 8.4.9)，井字补强筋的规格同叠合格子梁板纵向受力钢筋；上部井字补强筋的端部可不做弯折。

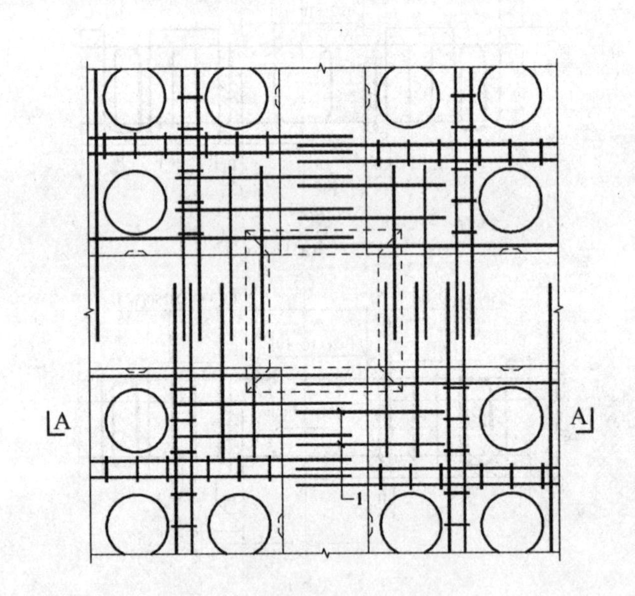

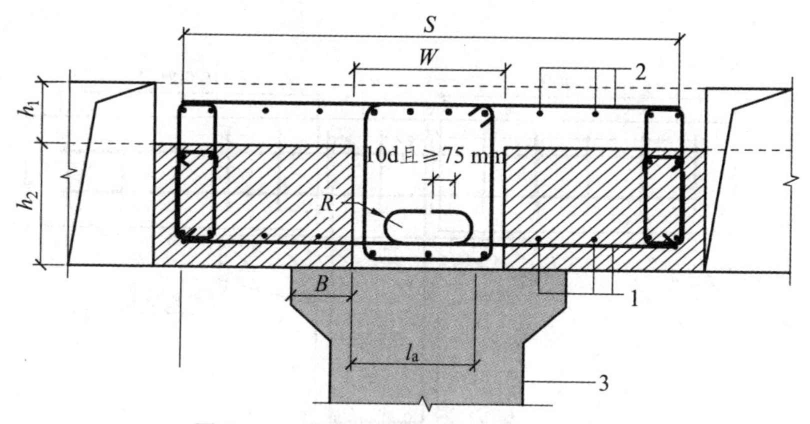

图 8.4.9　预制柱与叠合格子梁板的连接

1—下层井字补强筋；2—上层井字补强筋；3—预制柱 h_1—现浇层厚度；h_2—半预制格子板厚度；W—现浇梁宽；

l_a—钢筋锚固长度；S—锚固长度大于格栅梁 1/2；B—半预制格子板搁置长度

8.5　预制装配式楼屋盖

8.5.1　本节适用于低层、多层装配式混凝土结构。

8.5.2　预制装配式楼盖应浇筑厚度不低于 40 mm 的混凝土面层，屋盖应浇筑厚度不低于 60 mm 的混凝土面层，面层应双向配置不小于ϕ6@300 的钢筋网片。

8.5.3　预制楼屋盖构件的搁置长度不应小于 70 mm。

8.5.4　预制楼屋盖构件端部应设置与支撑构件或相邻构件的搭接钢筋，搭接钢筋的间距不应大于 1 m。预制空心楼板搭接钢筋设置如图 8.5.4。

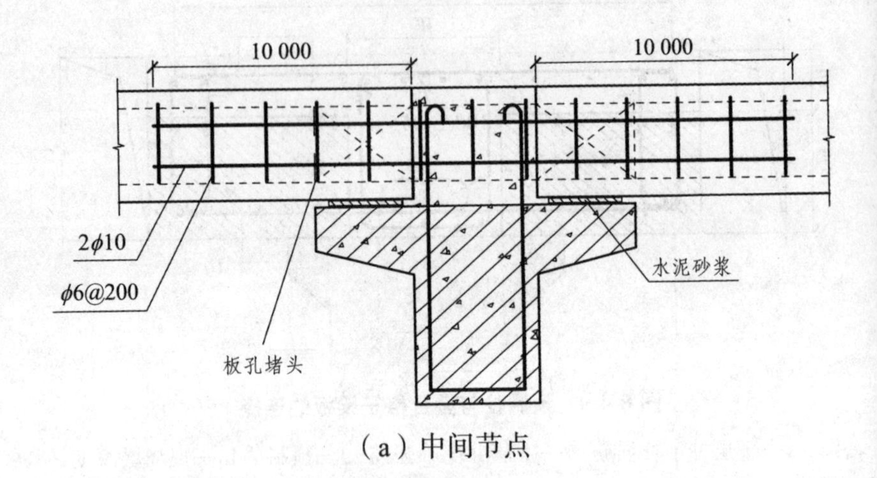

（a）中间节点

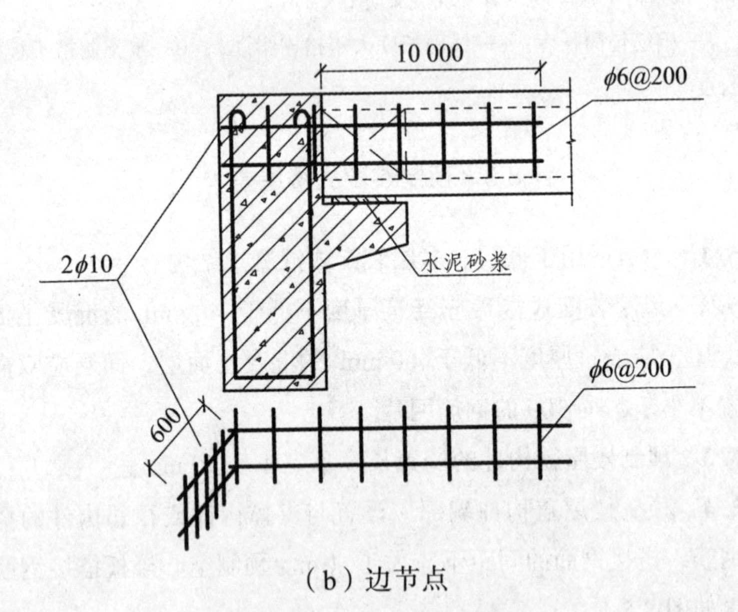

（b）边节点

图 8.5.4　构件端部搭接钢筋设置

8. 5. 5 预制空心楼板板侧应采用如图 8.5.5 所示的凹槽式断面，且板侧凹槽应通长设置ϕ8 钢筋并采用水泥砂浆灌浆填缝。

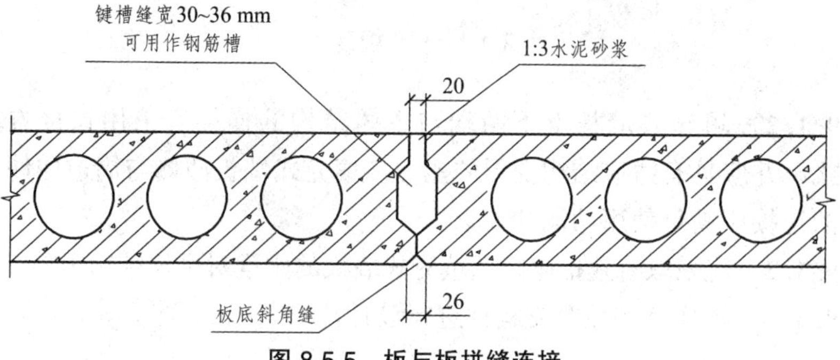

图 8.5.5　板与板拼缝连接

9 其他构件

9.1 一般规定

9.1.2 填充式墙板上下两端与主体结构的连接宜采用铰接方式，并应具有适应结构变形的能力。填充式墙板两侧与周边构件的连接应满足使用功能的要求。

9.1.3 应采取有效措施降低填充式墙板的刚度对主体结构影响。

9.1.4 楼梯宜按照简支构件进行设计。

9.2 填充式墙板

9.2.1 填充式墙板的设计宜符合以下规定：

1 填充式墙板可采用混凝土墙板或混凝土与其他材料组成的复合墙板。

2 填充式墙板的安装宜与主体结构施工同时进行。

3 填充式墙板由混凝土与其他材料复合而成时，填充材料的性能应满足使用功能的要求。

9.2.2 按外墙板设计时，其作用及作用的组合应符合《装配式混凝土建筑技术标准》GB 51231 的有关要求。

9.2.3 外墙板的地震作用可采用等效侧力法计算，地震力应施加于外墙板的重心，水平地震力应沿平面外方向布置。

9.2.4 当采用等效侧力法时，外墙板自重产生的地震作用应符合下列规定：

$$P_{Ek} \leqslant \beta_E \alpha_{max} G_k \quad (9.2.4)$$

式中：P_{Ek}——施加于外墙板重心上的地震作用力标准值；

β_E——地震作用动力放大系数，可取 5.0；

α_{max}——水平地震影响系数最大值，应按表 9.2.4 采用；

G_k——外墙板的重力荷载标准值。

表 9.2.4　水平地震影响系数最大值 α_{max}

抗震设防烈度	6 度	7 度	8
α_{max}	0.04	0.08（0.12）	0.16（0.24）

注：7 度、8 度时括号内数值分别用于设计基本地震加速度为 0.15g、0.30g 的地区。

9. 2. 5　按照内隔墙设计时，其设计应符合下列要求：

1　水平作用力不应小于 1 kN/m。

2　最大挠跨比不应大于 1/250。

9. 2. 6　填充式墙板采用容许应力法设计时，在施工及使用荷载工况下，墙板截面边缘最大应力应符合式 9.2.6 的要求。

$$\sigma \leqslant f_t + \sigma_{pc} \quad (9.2.6)$$

式中：σ——荷载作用下截面最大应力；

σ_{pc}——预应力在截面上产生的应力；

f_t——混凝土轴心抗拉强度设计值。

9. 2. 7　采用容许应力法进行设计时，填充墙板配筋率不应小于 0.15%。

9. 2. 8　填充式墙板与主体结构的连接节点应符合下列要求：

1　连接件与主体结构的锚固承载力设计值应大于连接件自

身的承载力设计值。

2 连接件的承载力设计值应大于外墙板传来的最不利作用效应组合设计值的1.3倍。

9.2.9 填充式墙板的厚度不宜小于100 mm。

9.2.10 填充式复合墙板的混凝土边框宽度不宜小于150 mm，复合墙板作为外墙板时其厚度不宜小于150 mm，作为内墙板时其厚度不宜小于100 mm。

9.3 预制楼梯

9.3.1 预制梯段在支撑构件上的搁置长度不宜小于75 mm。梯段的一端应预留可位移空间，并应有防止位移过大时滑落的构造措施。

9.3.2 预制梯段宜配置连续的上部钢筋。板式梯段的分布钢筋直径不宜小于6 mm，间距不宜大于250 mm。

9.3.3 预制梯段与平台梁之间的预留间隙不宜小于15 mm，间隙的填充宜采用弹性材料或低强度材料。

9.3.4 预制梯段在制作、运输及安装等工况下，混凝土截面不应开裂。

本标准用词说明

1 为便于在执行本标准条文时区别对待，对执行标准严格程度的用词说明如下：

1）表示很严格，非这样做不可的

正面词采用“必须”，反面词采用“严禁”。

2）表示严格，在正常情况下均应这样做的

正面词采用“应”，反面词采用“不应”或“不得”。

3）表示允许稍有选择，在条件许可时首先应这样做的

正面词采用“宜”，反面词采用“不宜”。

4）表示有选择，在一定条件下可以这样做的，采用“可”。

2 标准中指定按其他有关标准、规范的规定执行时，写法为“应符合……的规定”或“应按……执行”。

引用标准目录

1 《建筑模数协调标准》GB/T 50002
2 《建筑结构荷载规范》GB 50009
3 《混凝土结构设计规范》GB 50010
4 《建筑抗震设计规范》GB 50011
5 《钢结构设计规范》GB 50017
6 《建筑物防雷设计规范》GB 50057
7 《构筑物抗震设计规范》GB 50191
8 《混凝土结构工程施工规范》GB 50666
9 《装配式混凝土建筑技术标准》GB/T 51231
10 《高层建筑混凝土结构技术规程》JGJ 3
11 《钢筋焊接网混凝土结构技术规程》JGJ 114
12 《钢筋连接用灌浆套筒》JG/T 398
13 《钢筋连接用套筒灌浆料》JG/T 408
14 《四川省建筑工业化混凝土预制构件制作、安装及质量验收规程》DBJ51/T 008
15 《四川省工业化住宅模数协调标准》DBJ/T 064

四川省工程建设地方标准

装配式混凝土建筑设计标准

DBJ51/T 024 – 2017

条 文 说 明

目　次

1 总 则

1.0.2 本条参照《装配式混凝土建筑技术标准》GB/T 51231的要求确定。鉴于四川省属于地震高发地区，目前实际工程经验不多，本标准重点解决抗震烈度为8度及以下地区的装配式结构的设计问题。对于超出本标准范围的装配整体式结构，可以根据实际情况，按照其他相关标准或规定执行。

1.0.3 装配式混凝土建筑在策划阶段就需要统筹考虑实现建筑功能的各个环节，将整体设计放在首要地位，从而提升装配式建筑的性能与品质，降低资源的消耗及工程的成本。

3 基本规定

3.0.1 考虑到应尽量避免装修时对预制构件造成结构性损伤，同时结合四川省正在推行成品住宅的建设，建议设计时将装修一并考虑。

3.0.4 在装配式混凝土建筑设计中应尽可能避免采用严重不规则的结构体系，如不能避免采用时，应进行专项论证。

3.0.7 在装配式结构中排水管的预留孔洞会给结构造成一定影响，合理布置洞口位置和尺寸是关键。

4 建筑集成设计

4.1 一般规定

4.1.1 建筑设计应采用模数化、标准化设计方法，以少规格、多组合的原则进行设计，实现建筑产品的系列化和多样化。

4.1.2 装配式混凝土建筑应对墙面系统、吊顶系统、地面系统、集成式厨房、集成式卫生间、内门窗等进行部品设计与选型,且内装部品设计与选型宜与建筑设计同步进行。实现建筑产品和部品部件的尺寸、安装位置的模数协调。

4.1.3 外围护系统的设计使用年限是确定外围护系统性能要求、构造、连接的关键，设计时应明确。外围护系统应定期维护，接缝胶、涂装层、保温材料应根据材料特性，明确使用年限，并应注明维护要求。住宅建筑中外围护系统的设计使用年限应与主体结构相协调，主要是指基层构件的设计使用年限应与主体结构一致，其他如面层、保温层等应定期维护，设计应明确维护要求。

4.1.4 装配式建筑的外围护的安全、功能及建筑造型设计等要求包括结构、防水、防火、保温、隔热、隔声等要求。

4.2 模数与标准化

4.2.7 本条文中立面部件（部品）包含外墙、外窗、阳台板、空调板、遮阳设施、装饰等。

4.3 外围护系统设计

4.3.3 本条文主要适用于预制外挂板之间的接缝或预制混凝土夹心保温外墙板的外叶墙板之间的接缝。

4.3.6 采用在工厂生产的外门窗配套系列部品可以有效避免施工误差，提高安装的精度，保证外围护系统具有良好的气密性能和水密性能要求。

4.3.7 门窗与墙体在工厂同步完成的预制外墙，能更好地保证门窗洞口与框之间的密闭性，避免形成冷桥。

4.4 设备及管线设计

4.4.1 大型机电设备、管道由于荷重较大，采用后锚固技术可能对构件造成损坏，故要求在构件上预留预埋件来进行固定。

4.4.14 装配式混凝土建筑设计应按照通用化、模数化、标准化的要求，以少规格、多组合的原则，实现建筑及部品部件的系列化和多样化。暖通设备宜采用通用规格，风管、水管、风口、管件和预埋套管等宜按照国家规范要求的标准模数设计，竖井、预留洞口等的尺寸宜按建筑标准模数设计。规格和模数的数量不宜过多。

4.4.15 装配式混凝土建筑的设备和管线设计应与建筑设计同步进行，预留预埋应满足结构专业相关要求，不得在安装完成后的预制构件上剔凿沟槽、打孔开洞等。穿越楼板管线较多且集中的区域可采用现浇楼板。

4.4.16 装配式混凝土建筑应采用适宜节能技术，使室内既能维持良好的热舒适性又能降低建筑能耗，减少对环境的污染，并应充分考虑自然通风效果。

4.4.18 燃气热水器燃烧所产生的烟气应直接排至室外，并在外墙相应位置预留孔洞。

4.5 内装设计

4.5.2 铺设要求需根据架空层内管线的管径尺寸、敷设路径、设置坡度等确定，且宜设置减震构造，并应在必要位置设置检修口。

4.5.5 为了减少不同部品系列接口的非兼容性，建议采用集成化成套体系，当采用不同产品体系时，设计应充分考虑产品的协调性。本条主要考虑在建筑寿命期内，内装可能需要多次更换，为了便于更换提出一些应遵循的原则。

5 结构设计

5.1 基本规定

5.1.2 本条文强调水平结构采用叠合构件时，最大适用高度执行《高层建筑混凝土结构技术规程》JGJ 3 的要求，当超出最大适用高度时，应按超限建筑进行专项论证。

5.1.5 《高层建筑混凝土结构设计规程》JGJ 3 中规定了较多的情况，本标准主要考虑预制框架与现浇剪力墙的结构形式，不应使框架部分承担过多的地震作用。

5.1.6 构件的标准化主要满足生产企业批量化生产的需要，施工标准化主要是指模板、支撑等施工措施的标准化。

5.1.7 预制构件在制作、运输及安装阶段的验算可以在设计文件中明确，也可由设计提出要求由制作或施工单位完成。

5.1.8 预制构件与现浇混凝土的连接是保证结构整体性的重要措施，根据过去的研究成果和应用经验，通常构件的水平连接采用键槽方式，竖向连接采用粗糙面的方式。

5.1.10 夹心外墙板的内外叶墙板间大多通过拉接件进行连接，其长期的安全性不仅取决于拉接件的性能，更受到施工工艺、操作人员责任心等因素的影响，由于我国住宅建筑以高层建筑为主，一旦出现安全问题处理难度及安全风险极大，因此，当设计采用夹心外墙板时，应当采取附加安全措施以确保外叶墙板的安全性。

5.2 结构材料

5.2.1 预制混凝土构件由于在工厂生产，易于进行质量控制，因此对它的最低强度等级的要求高于现浇混凝土。对于装配整体式结构中所采用的其他轻质内隔墙体则不包括在本标准的要求中。

5.2.3 为了提高预制构件生产的工业化水平，加强构件质量保证，鼓励在预制混凝土构件中采用成品钢筋。四川省地方标准《建筑工业化混凝土预制构件制作、安装及质量验收规程》DBJ51/T 008 中对此也有相关要求。

5.2.4 由于钢筋套筒灌浆连接和浆锚搭接连接的方法，其连接需要利用钢筋表面的机械咬合作用，因此应采用带肋钢筋，不应采用光面钢筋。为了避免钢筋超强度对钢筋连接实际性能的影响，对钢筋的屈服强度和极限强度进行了限制。

5.2.5 钢筋套筒灌浆连接技术在美国和日本已经有近四十年的应用历史，在我国台湾地区也有多年应用历史。四十年来，上述国家和地区对钢筋套筒灌浆连接技术进行了大量的试验研究，采用这项技术的建筑物也经历了多次地震考验，是一项十分成熟的技术。

5.2.7 钢筋套筒灌浆连接和浆锚搭接连接技术的关键在于灌浆料的质量。根据国外的经验，灌浆料应具有高强、早强和无收缩等基本特性，以便使其能与套筒、被连接钢筋更好地共同工作，同时满足装配式结构快速施工的要求。在我国，这项技术在铁路部门已有二十余年的应用历史。目前国家已有产品标准。

5.3 结构分析

5.3.2 在承载力计算中，应注意预制构件的失稳计算。

5.3.3 此条规定与现行国家标准《混凝土结构工程施工规范》GB 50666 相同。

5.3.4 考虑到对装配整体式结构的认识尚有待进一步完善，因此，当竖向构件同时采用预制构件与现浇构件时，建议对现浇结构构件的受力适当放大，具体放大系数由设计人员根据预制竖向构件的配置数量确定。《装配式混凝土建筑技术标准》GB/T 51231 中相关条文规定，当同层内既有现浇墙肢也有预制墙肢装配整体式剪力墙结构，现浇墙肢水平地震弯矩、剪力宜乘以不小于 1.1 的增大系数。本标准对竖向预制构件使用范围做出了限制，一般情况下可不放大。

5.4 连 接

5.4.1 预制剪力墙，构件间的水平连接构造满足本标准第 7.2 节要求时，其水平接缝抗剪承载力可不验算。预制剪力墙纵向钢筋逐根连接时，预制剪力墙竖向连接的正截面受弯、受压及受拉承载能力可不验算。

5.4.3 在有条件时，钢筋的灌浆应采用逐根灌浆工艺。灌浆的出浆孔标高要求高于插筋顶面以保证灌浆的饱满度。

5.4.4 浆锚搭接连接属于钢筋间接搭接技术之一，我国在 20 世纪 70 年代即有应用，20 世纪 80 年代，四川地区采用该技术应用于装配式建筑中柱钢筋的连接。鉴于以往采用该技术的工程项目中，钢筋直径均较小，因此，本标准对最大适用的钢筋直径做出规定，并增加了间接约束箍筋和最小搭接长度的要求。

5.4.5 钢筋环形搭接连接自 20 世纪 60 年代在德国、法国等国家即有应用，在相关资料中有比较清楚的描述。国内采用该技术较少，主要集中在桥梁结构中铰接缝的钢筋连接，也开展了相关的研究工作。本标准编制过程中也进行了验证性试验，结果表明钢筋的破坏均出现在钢筋搭接区域以外，且均为钢筋屈服拉断。本标准出于安全的考虑，对适用的钢筋最大直径和最小搭接长度做出了规定。

6 框架结构

6.1 一般规定

6.1.1 节点现浇是实现等同现浇结构的主要手段，根据现有资料，节点现浇的装配式框架结构其性能与现浇框架相同。在多层框架结构中有可靠依据时，也可采用其他结点形式（如干式连接）。

6.1.2 预制柱的钢筋连接是保证结构整体性的重要措施，此处列举出常用的钢筋连接方式。钢筋套筒灌浆连接是从国外及我国台湾地区引进的一种连接方式，其涉及的产品种类较多，目前正制订相关标准，连接的成本较高。焊接是传统的连接方式，但在装配整体式框架中受制于施工条件，较少采用。钢筋浆锚搭接连接也是一种传统的连接方式，曾经有着广泛的应用，其相对成本较低，在汶川地震后的调查中，钢筋浆锚搭接连接具有相当的可靠性，在多层框架结构中推荐应用。考虑到浆锚搭接连接是一种间接连接方式，柱中钢筋的连接采用套筒灌浆连接方式相对更可靠，因此，结合以往应用的实际经验，对浆锚搭接连接的应用给出限制。

6.2 构造要求

6.2.1 采用大直径及高强钢筋，为了减少钢筋根数，增大间距，便于柱钢筋连接及节点区钢筋布置。套筒连接区域柱截面刚度及承载力较大，为避免柱的塑性铰区可能会上移到套筒连接区域以上，至少应将套筒连接区域以上 500 mm 高度区域内柱箍筋加密。

6.2.3 在预制柱叠合梁框架节点中，现浇节点上表面设置粗糙面，应采取可靠且经过实践检验的施工方法，保证柱底接缝灌浆的密实性。

6.2.4～6.2.7 节点区钢筋的连接参照现浇结构要求执行。

6.2.8 对构件的划分提出原则意见。梁跨度较大时，由于运输和安装的需要，可能需要分段，此时可设置现浇段进行连接，该类构件亦可采用预应力钢筋进行连续配筋。

6.3 多螺箍筋柱

6.3.2 多螺箍筋柱的斜截面承载力由混凝土和箍筋分别提供，公式的推导基于以下几个假设：

1）斜裂缝与柱构件纵轴夹角为 45°。

2）与斜裂缝相交的箍筋在极限状态下全部达到屈服。

3）箍筋的间距与箍筋中心线所围成的圆周直径比较相对较小。进而，将与斜裂缝相交的箍筋拉力全部投影到平面上，则所有拉力在水平方向的投影之和就是极限状态下箍筋所受的剪力。

计算时不计小螺旋箍筋的抗剪强度效应，此外，在混凝土抗压区有两个小螺箍筋约束混凝土，其抗压强度可以提高。这部分提高作为完全储备，不反映在计算表达式中。

6.3.5 多螺箍筋柱的大螺旋箍筋约束核心混凝土区 A_{ch1}、小螺旋箍筋约束核心混凝土区 A_{ch2} 以及大小螺箍共同约束的核心混凝土区 A_{ch}（如图 1 所示）的体积配箍率 ρ_v 均应满足《混凝土结构设计规范》GB 50010,《建筑抗震设计规范》GB 50011及《高层建筑混凝土结构技术规程》JGJ 3 中相关规定。且为保证各个螺箍对混凝土具有相近的约束能力，大、小螺箍的体积配箍率宜相当。实际上当大、小螺箍配箍率满足要求时，总的配箍率也自然满足要求，因此计算时，可仅分别计算大、小螺箍体积配箍率。根据我国台湾地区的试验结果显示，在满足规范规定的最小配箍率及构造要求时，多螺箍筋柱比相同配箍率的方箍柱性能更佳。

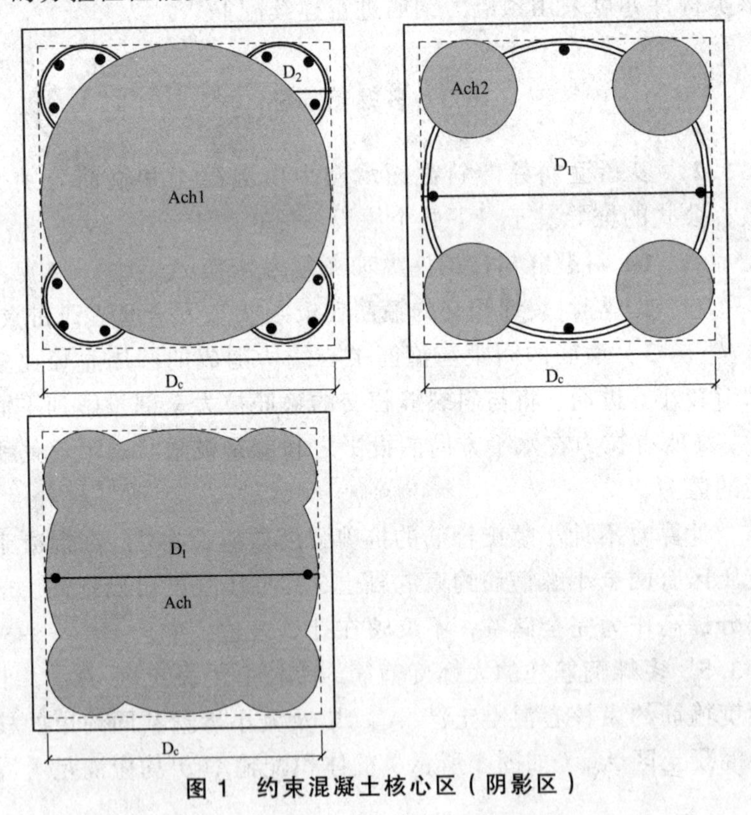

图 1　约束混凝土核心区（阴影区）

6.4 框排架结构

6.4.1 框排架结构用于工业建筑，可以较好的适应工艺的需求，适宜做装配式结构。特制定本节。

6.4.2 框排架结构体系包括平面布置中采用框架和排架、沿高度方向底部采用框架上部采用排架以及平面布置中一方向采用框架另一方向采用排架的情况。

6.4.4 框排架体系通常为横向框架、纵向排架体系，由于两个方向的结构体系不同，因此，两个方向的结构动力特性存在差异。设计时，需要考虑并尽可能采取措施减小差异。

6.5 整体预应力装配式板柱结构设计

6.5.1 整体预应力装配式板柱建筑，起源于南斯拉夫"IMS"体系。它无梁无柱帽，以预制的板和柱为基本构件，在两构件之间的接触面为平面，在接触面之间的立缝中浇筑砂浆或细石混凝土，形成平接接头，然后对整个楼盖施加预应力，亦称整体预应力。即双向后张有粘结的预应力筋贯穿柱孔和相邻构件之间的明槽，并将这些预制构件挤压成整体。楼板依靠预应力及其产生的静摩擦力支承固定在柱上，板柱之间形成预应力摩擦节点。这种明槽式整体预应力和板与柱之间的预应力摩擦节点是本结构体系的两大特征。

中国建筑科学研究院、四川省建筑科学研究院、北京市建筑设计研究院、国家地震局工程力学研究所、北京中建建筑科学研究院有限公司（原中国建筑一局科学研究所）、清华大学以及昆明理工大学等单位也进行了试验，结论是一致的，即其抗震性能不低于整浇结构。因此，这一结构适用于地震区推广应用。

该结构无梁无柱帽，建筑布置灵活，适于成片开发的商住楼、民居及体型规则的公用建筑，也特别适于支撑体模式建筑物，它的灵活隔断给建筑师及用户极大方便，现在能够居住，将来能够发展。该体系的结构原理如图2所示。

尽管本体系在成都建成了珠峰宾馆等高层建筑，但为了稳妥起见，本标准对技术的应用范围做出限制。

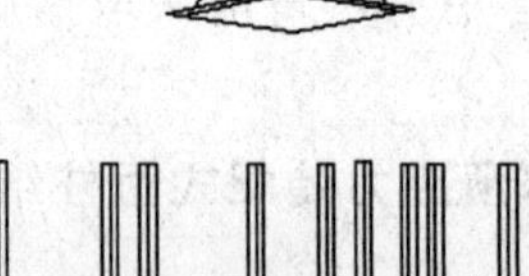

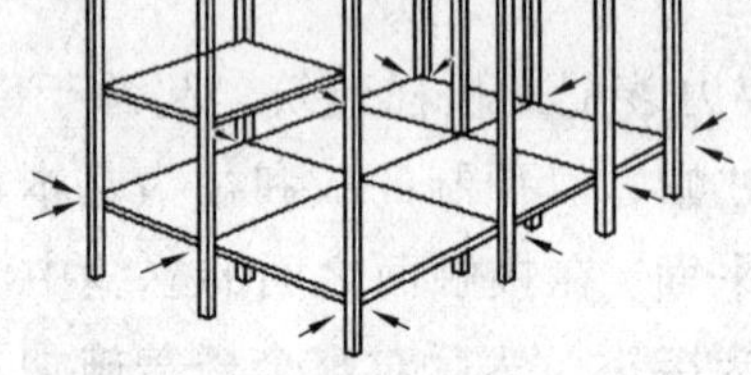

（a）采用整板的透视图

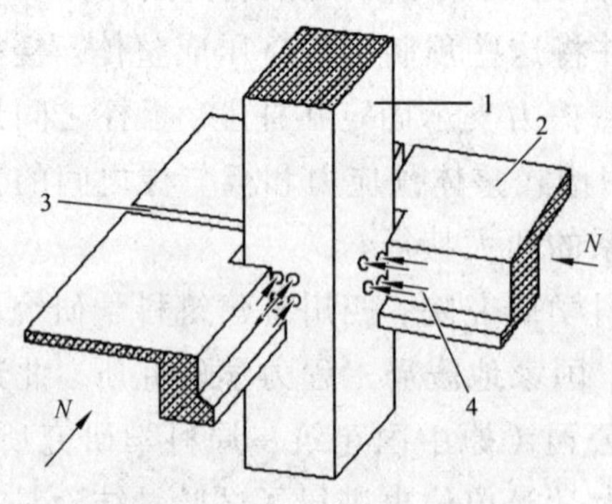

（b）板柱节点透视图

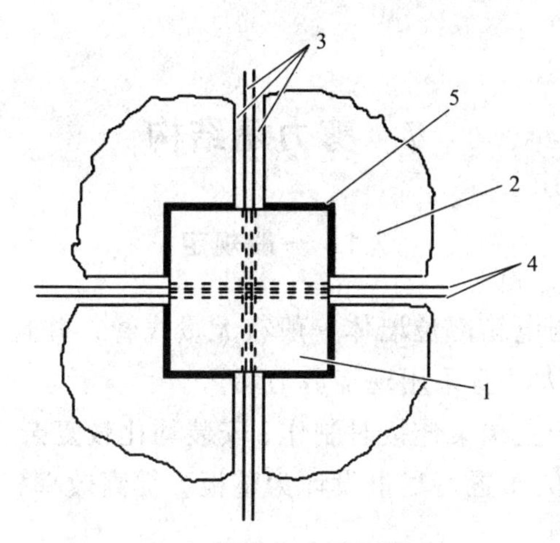

（c）板柱节点平面图

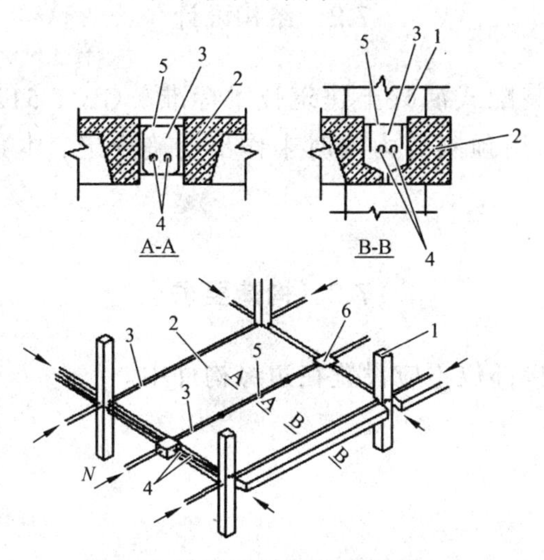

（d）采用两拼板的透视图

图 2　整体预应力装配式板柱结构原理图

1—柱；2—板、边梁；3—明槽；4—预应力束；5—伸出筋、接缝砂浆；6—垫块

7 剪力墙结构

7.1 一般规定

7.1.2 强弱电箱部位墙体一般有大量线管，并且有大开洞，削弱刚度较大，宜采用现浇剪力墙。

7.1.4 由于主次梁连接时制作、安装均比较复杂，效率低下，宜减少次梁的布置，尽量设计为整板，提高效率，节约成本。

7.2 结构设计

7.2.2 《装配式混凝土建筑技术标准》GB/T 51231 中，对于加强区采用预制剪力墙时未作出明确规定，本条进行了补充规定。

7.3 构造要求

7.3.2 连接部位不应设置在边缘构件中。

8 楼 盖

8.2 叠合梁设计

8.2.2 采用叠合梁时，在施工条件允许的情况下，箍筋宜采用闭口箍筋。当采用闭口箍筋无法安装上部纵筋时，可参照AC318中的做法，采用开口箍筋加箍筋帽的形式。

8.2.7 对于叠合楼盖结构，次梁与主梁连接宜采用铰接的形式，构造较简单且可避免在主梁上引起扭矩。企口-挑耳的铰接节点形式是一种常用的做法，也可采用其他经过验证的铰接节点。当需要固结时，主梁上需要预留现浇段，现浇段混凝土断开而钢筋连续，以便穿过和锚固次梁钢筋。当主梁截面较高且次梁截面较小时，主梁预制混凝土也可不完全断开，采用预留凹槽的形式供次梁穿过。

8.3 叠合楼板设计

8.3.1 考虑到简化实际应用中的设计工作，本标准建议首选这两种形式的叠合板。当采用单向叠合板时，设计需注意单向板的导荷方向，对非主要受力方向的梁需要考虑适当放大配筋，以考虑使用阶段的实际受力状况。

8.3.5 楼盖极限状态按照单向板验算，荷载分布按照双向板验算。

8.3.6 预制板内的纵向受力钢筋即为叠合楼板的下部纵向受

力钢筋，在板端宜按照现浇楼板的要求伸入支座。在预制板侧面的构造钢筋为了预制板加工及施工方便可不伸出，但应采用附加钢筋的方式，保证楼面的整体性及连续性。

8.3.7 本条所述的拼缝形式较简单，利于构件生产及施工。理论分析与试验结果表明，这种做法的是可行的。叠合楼板的整体受力性能介于按板缝划分的单向板和整体双向板之间，与楼板的尺寸、后浇层与预制板的厚度比例、接缝钢筋数量等因素有关。开裂特征类似于单向板，承载力高于单向板，挠度小于单向板但大于双向板。板缝接缝边界主要传递剪力，弯矩传递能力较差。在没有可靠依据时，可偏于安全，按照单向板进行设计，接缝钢筋按构造要求确定。

对于 50 mm 厚的现浇层，混凝土强度等级为 C25 时，其抗剪能力可达到 44 kN/m，对于民用建筑正常的荷载条件，其抗剪能力已满足，适当的增设附加钢筋可提高接缝的抗剪能力，避免界面出现开裂等情形。

8.3.8 当单向叠合板的拼缝位于与单向板跨度方向相垂直方向的跨中时，由于即使在正常使用状态下叠合层中也可能产生较大的拉应力，因此，应尽可能避免将拼缝设置在跨中，如不能避免时，宜采取整体式拼缝方案。本条文在《装配式混凝土建筑技术标准》GB/T 51231 基础上进一步做了细化，本标准建议采用拼板时一般均为三块板拼接，受力最大处不应留设板缝，且应设置环形钢筋进行搭接连接。

板缝处可以通过局部增大现浇层厚度以增强板缝处的整

体性，具体处理可以参照图 3、图 4 所示的方法，也可以采用其他可靠措施。

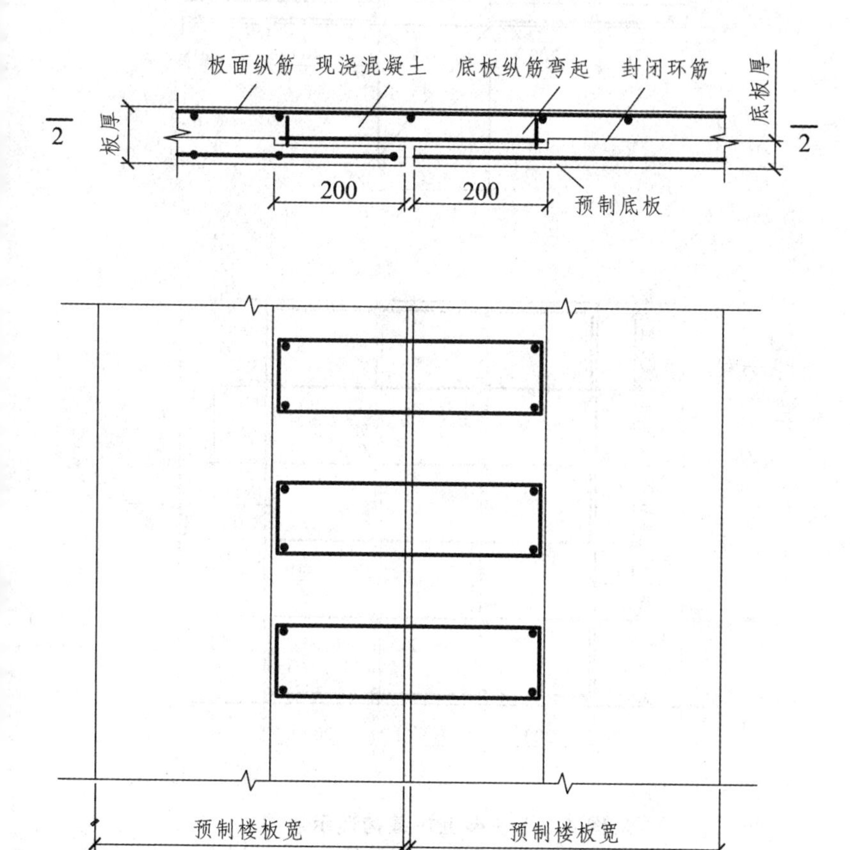

图 3　板与板拼缝构造示意图

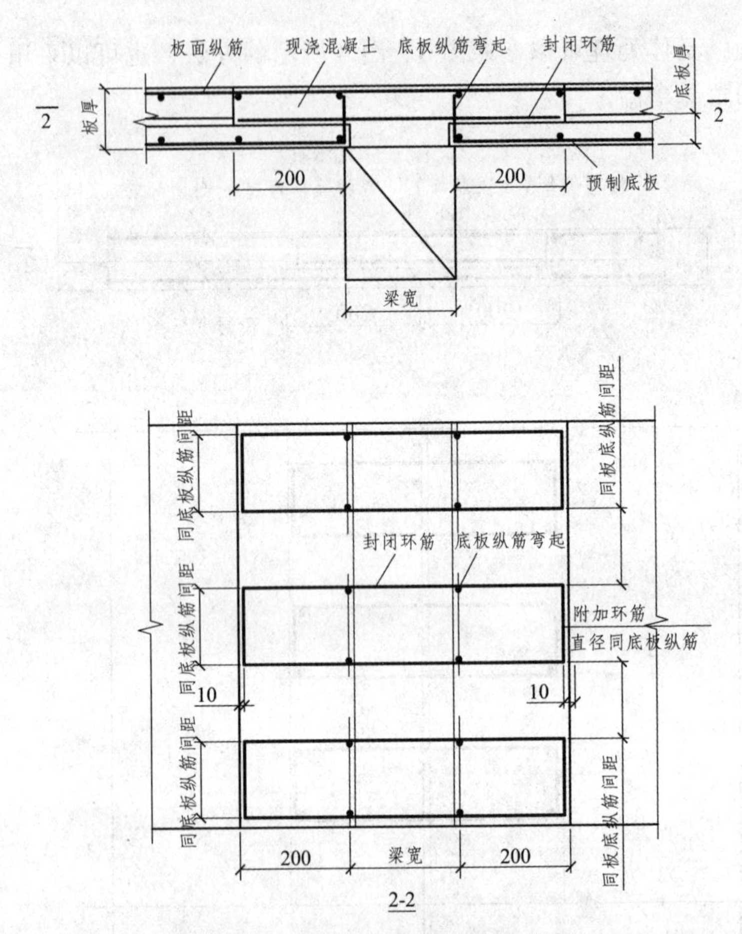

图 4　板在梁上拼缝构造示意图

8.5　预制装配式楼屋盖

8.5.2　常用的预制装配式楼盖如预制 T 形板、双 T 板、预制空心楼板等。采取现浇面层可增加楼屋面的整体性。